U0270266

你的家居有多

幸福?

How Happy is Your Home?

50 招让你的家居更幸福

Great Tips to Bring More Health, Wealth and Joy into Your Home

〔英〕苏菲·凯勒（Sophie Keller）著

王金辉 译

上海交通大学出版社
SHANGHAI JIAO TONG UNIVERSITY PRESS

内 容 提 要

本书为"幸福生活50招系列丛书"之一，主要讲述了让家居更幸福的50个技巧。书中采用中国传统的八卦方法来对居室安排进行改善，内容包括如何使用和放置八卦，如何用镜子、灯饰、植物、色彩、吊饰等物品改善不利的居室风水，如何增强客厅、卧室的能量，如何选择床的位置，等等。书的开头有一个小测试，可以帮助你了解自己的居室环境，你可以根据自己的回答从书中找到相应的改善技巧。

本书可供对家居风水感兴趣的读者阅读。

图书在版编目(CIP)数据

你的家居有多幸福?：50招让你的家居更幸福/(英)凯勒著；王金辉译.—上海：上海交通大学出版社，2013

（幸福生活50招）

ISBN 978 - 7 - 313 - 09500 - 8

Ⅰ.①你… Ⅱ.①凯…②王… Ⅲ.①住宅-室内装饰设计-普及读物 Ⅳ.①TU241 - 49

中国版本图书馆 CIP 数据核字(2013)第 038372 号

你的家居有多幸福？

50 招让你的家居更幸福

[英]苏菲·凯勒(Sophie Keller) 著

王金辉 译

上海交通大学 出版社出版发行

（上海市番禺路 951 号 邮政编码 200030）

电话：64071208 出版人：韩建民

上海交大印务有限公司印刷 全国新华书店经销

开本：787mm×1092mm 1/32 印张：4.375 字数：74 千字

2013 年 3 月第 1 版 2013 年 3 月第 1 次印刷

印数：1～5030

ISBN 978 - 7 - 313 - 09500 - 8/TU 定价：20.00 元

告读者：如发现本书有印装质量问题请与印刷厂质量科联系

联系电话：021 - 54742979

献给奥利(Oli)和朱达(Judah)。

家，即我心之所在。

前　言

风水就是"风和水"。它们是地球上流动的两种自然元素,是我们生存必不可缺的物质——我们呼吸的空气和饮用的水。讲究风水是为了帮助我们最大限度地利用气(也可称为"生命力"或"能量")在我们生存空间流动带给我们的好处。

无论你是在家还是在别处,家居环境的能量都能左右你,它可以使你一天精力充沛,也可以让你整天萎靡不振。据信如果家里气的流动强,无论你身在何处,做事情都会一帆风顺。相反,如果很弱的话,你做事情就会受掣肘。

居室内气的流动不可太快,否则会使人有焦虑感,但也不可太慢,否则易使人毫无生气。要让空气很顺畅地从前门进来,就像和缓的微风、潺潺的流水平稳地流动在每个房间。

风水之于居室好比是针灸对人体的作用。众所周知,针灸是用银针刺入穴位,使体内的气能够畅通流动,并将体内能量运输到每个部位,使我们精力充沛,身体强健,活力四射。风水在很多方面和针灸的作用是一样的。我们大部分时间是在家中度过的,从居室的布局也能够看出我们是怎样的人,所以,也可以说房间就是我们的第二个身体。我们从风水的百宝箱里拿出来的"化解工具",就好比是用于针灸的银针——它们能释放居室中的能量,使其自由流动,帮我们创造舒适、轻松、有益身心的家居环境。

　　我初次接触风水是在十七八岁的时候,当时并没有把它当回事,直到后来有段时间生活上遭到了挫折,感觉就像天塌下来一样,我才认识到了风水的重要性。那时,我失业了,父母被诊出患上了癌症,交往三年的男友也和我分手了,我还患上了免疫系统的疾病。要说那是一段地狱般的生活真是一点都不夸张。

　　然而,在危机时刻我总会去抓救命稻草,于是决定认真接受培训,使自己成为合格的风水师。当我按照风水的指导,改变居室设计时,我的生活很快有了转机,而我之前那种"证明给我看"和怀疑的态度都化为乌有了,因为我的亲身经历让我很快意识到风水的力量是如此强大。

　　自 2001 年起,我有幸帮助成百上千的人看过他们的居室、办公室和店铺的风水。就在我刚动笔写这本书时,还有一个电视编剧来到我的办公室说:"嗨,苏菲,还记得我吗? 七年前你给我的房子看过风水。我只是想告诉你,你到我家看过风水后,没几个月我就遇到了我的妻子。"也就是在同一天,我还接到一个客户的电话,之前我曾告诉过这个客户要在室内的事业区摆上鲜花。她打电话来说按我讲的方法摆放了花之后没几天,一位老相识突然给她打电话,并为她提供了一份待遇优厚的新工作。

这里我并不是说这个男人遇到他的妻子都是因为我给他的房子看了风水,也不是说我的客户得到了新的工作全凭那盆鲜花,但是,那些经我看过风水的人,不断反馈给我类似的好结果,也的确令人称奇。

本书的结构条理清晰,以便你可以挨个房间来做调整,书中还有我精选的 50 个秘诀来为您构建幸福家居。这些贴士综合了实用而且简便易行的西式风水和我自己关于"幸福家居"的一些补充建议,帮你营造一个健康、和谐、充满助力的环境,而当你去闯荡世界,追求自己命定的梦想时,这样的家居环境将成为你强大的后盾。

一旦着手做起来,你就会惊奇地发现每一个小小的调整都是很明智的,并且的确能使你的人生大不同。有一点是确定无疑的——无论你个人状况如何,你会十分享受这个调整的过程,因为,毕竟风水是非常有趣的。

爱你的苏菲

风水的历史和
不同的风格

　　人类践行风水这门科学艺术已有数千年之久，在这漫长的历史中，它也得到了发展，在形式上也改变了很多。起初，牧师和圣人通过研究风水来寻找理想的墓穴。当时人们相信如果祖先在永久安息的地方过得幸福，将会有助于他们的家族兴旺发达，国家长治久安。渐渐地，人们开始用这门学问为庙宇和宫殿选择风水宝地。后来，风水被贵族阶层用于指导筑屋事宜，最终，流传到民间，为大众广为使用。

　　现在有很多风水流派，但它们的宗旨是一样的，就是通过改善你居住环境的能量来提高你的生活水平。这本书采用简单易行的当代西方风水模式，该学派使用八卦（详见贴士1），叫做黑帽子学派。这种特别的模式最初是由大师林云教授引入到美国的，起源于佛门密宗黑教，是印度教、藏传佛教和中国佛教教义与西方心理学、生态学以及生理学的综合体。

这个简单模式背后的核心思想是将你生活的各方面与所居房屋的特定区域联系起来，用前门来确定八卦的方位，故前门被称为"气口"（能量从此进入居所）。该风水模式简便易行，非常有效，而且不要你拆墙，不要你花大钱，也不要你在居住条件不允许的情况下勉为其难地脑袋朝着指南针的方向睡觉。总之，它强调的是意愿的力量，意愿是实现梦想的动力。

要知道，你所处的环境中离你越近的部分，对你的影响也就越大。了解了这一点后，看看下面的清单，清单上所列各项是按照离你的距离从近到远排列的：

你

你的床

你的卧室

你的居所

你的庭院

你的邻居

你所在的城市

你所在的国家

你所在的大陆

你所在的世界

你所在的宇宙

目　录

小测验：你的家居有多幸福？

阅读下面的问题并选出与你和你的居所最贴近的答案。如果本书针对你选择的答案，提供了相应措施来改善你的居所，那么就找到相关的贴士，根据它的指导来创造更幸福的家居环境，记得每次学习一招！

选出你认为最正确的答案，然后翻到113页检查你的测验结果。

1. 你多久清理一次家中的杂物？

A. 我什么都舍不得扔掉，有点收藏癖倾向。

B. 我每年清理一次家中的杂物。

C. 当我看到一些没用的东西时，就会把它们扔掉。

2. 如果你家里有些东西用不了了(比如,灯泡要换,破了的门窗要修理),你一般要过多久才会去修理?

   A. 我要等上几个月甚至一年,然后一次把几件东西都修好。

   B. 我会让它一直坏着,直到我再也无法忍受了才去修。

   C. 我会马上去修理。

3. 你认为目前生活中哪方面是你最需要集中精力的?

   A. 事业和金钱。

   B. 感情关系。

   C. 健康。

4. 住在现在的家中,你在寻找伴侣方面遇到过困难吗?或者,自从搬到现在的家中后,感情上遇到过什么问题吗?

   A. 是的,我发现找不到约会对象或者与我现在的伴侣交流很困难。

   B. 我还不是非常糟糕,但是我在感情关系方面确实有进一步改善的空间。

   C. 没有,我对我的感情关系非常满意,进展非常顺利。

5. 你家的洗手间是不是位于下面某个地方?

   A. 房子后部左侧或右侧的角落。

   B. 房子的中间。

C. 前门的对面,所以你一进门就可以看到。

6. 自从搬到现在住的房子后,你是否感觉挣钱更容易了?

    A. 没有,挣钱少了。

    B. 我的财力状况没有变化。

    C. 是的,自从搬到这里后挣的钱更多了。

7. 你怎样形容你房子的走廊?

    A. 又乱,又黑,又封闭。

    B. 不错,但是可以整理一下以增强能量。

    C. 明亮,温暖而舒适。

8. 自从搬进现在的家后,你感觉你的社交生活怎么样?

    A. 我变得越来越孤僻了,总是一个人呆着。

    B. 我感觉社交上和搬进现在的家之前一样。

    C. 社交范围扩大了,现在我的生活圈子里人更多了。

9. 你家的主卧室在哪?

    A. 房子后部。

    B. 房子前部。

    C. 房子中间。

10. 如果你在家工作,你觉得集中注意力容易吗?

    A. 当我坐在办公桌旁边时,我似乎无法集中精力。

B. 有时感觉很容易,有时发现很难。

C. 我感觉很容易就能集中注意力,并且效率很高。

11. **当你走进自己家你第一眼看到的是哪个房间？**

　　A. 走廊。

　　B. 厨房、洗手间、餐厅或卧室。

　　C. 起居室、办公室或活动室。

12. **在你的床上或卧室你睡眠质量好吗？**

　　A. 不,我的睡眠不怎么好。

　　B. 我的睡眠情况不稳定,有时睡得好,有时很差。

　　C. 我的睡眠非常好。

13. **当你站在你房子或者公寓外,面对正门的时候,你会有下列哪种感觉？**

　　A. 沉闷或者沮丧。

　　B. 没有特别的感觉。

　　C. 归属感。

14. **如果你要为自己房子画一个平面图,这个图将会是什么样的？**

　　A. 形状上会是方形或矩形。

　　B. 房子还缺几个部分,我会把它们添到平面图上去,使其成为一个方形或矩形。

C. 会是矩形的,在房子前面或后面有一个或者两个拓展出去的部分。

15. **当你从前门走进屋的时候,下列哪些事物会是你第一眼看到的?**
    A. 后门或是对面的一个大玻璃窗,透过玻璃窗可以看到外面的风景。
    B. 一面墙或是橱柜。
    C. 楼梯。

16. **住在你家的人彼此之间的沟通和谐吗?**
    A. 有很多不必要的争论。
    B. 有时我们相处很好,但有时也会争吵。
    C. 我们是非常和谐的一家人。

17. **自从搬到你住的房子里后,你进步了多少?**
    A. 我想我一直没变化。
    B. 改变了一点,但不敢肯定是变好还是变差了。
    C. 我认为自身进步了很多。

18. **自从搬到现在的房子里后,你的事业发展得如何?**
    A. 毫无发展。我丢掉了工作或者有点迷失了自己,没有以前好。
    B. 事业状况不变。

C. 自从我搬进来以后,我的事业有了很大的发展。

19. **你在家是否感到幸福,对周围的居住环境是否满意?**
    A. 我急于搬出去,而且现在正在忙这件事。
    B. 现在还好,但是我知道我不久就会打算搬出去的。
    C. 我对我居住的地方非常满意。

20. **你的房子具备以下某个特点吗?**
    A. 悬垂的横梁。
    B. 倾斜的天花板。
    C. 吊扇或壁炉。

1 如何使用和放置"八卦"

这本书里讲的风水学派是以"八卦"为基础的。"八卦"是一张关于能量世界的圣图,它来源于《易经》。《易经》这本书讲的是一个古老方法,用以解读中药及中医疗法中诸多场合的能量应用。

八卦图一般是八角形,外围分成八个部分,就是俗称的"卦";中间的一部分称为"太极"。八卦作为一个工具,能帮助你了解家中各区域与各生活领域的一一对应关系。八卦中的各部分都与你生活中的不同领域相联系。每一部分(卦)都有深刻含义,而且各部分之间也会相互影响。比如,你的出发点或许是改善自己的经济状况,但是为了保持平衡,你必须同时关注生活中的其他所有方面。

健康(太极)——身体健康。如果你想增强体内能量、健康以及精力,请关注这个部分。本卦影响其他各卦。

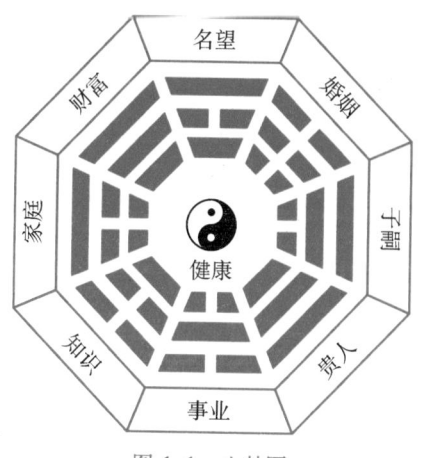

图1.1　八卦图

　　财富(巽)——富裕和经济状况。如果你想改善经济状况,挣更多的钱,请关注这个部分。

　　名望(离)——名气和名誉。如果你想使自己更有名望或者想让更多的人了解你和你的事业,请关注这个部分。

　　婚恋(坤)——婚姻和伴侣。如果你想改善目前的恋爱关系或想找到人生的伴侣,请关注这个部分。

　　子嗣(兑)——创造力和孩子。如果你想使自己的孩子更健康幸福或你想怀孕,请关注这个部分。

　　贵人(乾)——贵人和旅行。如果你想广交朋友并扩展自己的业务联络网,请关注这个部分。

　　事业(坎)——人生道路和事业。如果你想使自己的事业有发展,得到晋升,或找到自己的人生道路,请关注这个部分。

知识（艮）——个人成长、知识和精神生活。如果你想更深入地了解自己，更清楚别人的内心，并全面提高自己的知识水准，请关注这个部分。

家庭（震）——如果你想改善与家人的关系，进一步密切交流，请关注这个部分。

八卦的放置

当你放置八卦图（见图 1.2）的时候，底部边缘（与知识、事业和贵人相联系的一边）应该和下列三者之一的入口平齐。

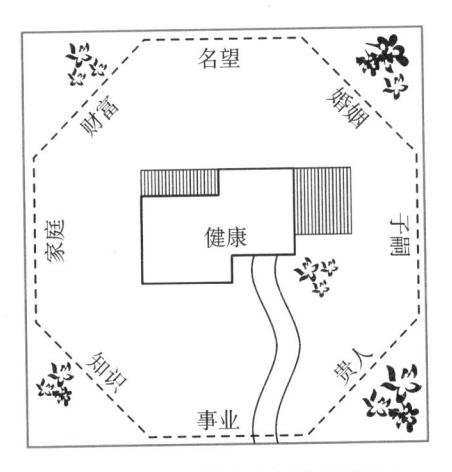

图 1.2　八卦放置在房屋的宅基地上

宅基地——如果你居住的房子周围有空地,把八卦放在整个宅基地上,底部边缘置于车道或大门与街道交接的地方。

房子——为了从整体上了解家中的八卦位置,把八卦放在房屋的平面图上,房子的前门落在八卦底部。如果房子有好几层楼,可考虑将每层楼的楼梯平台作为入口。如果遇到了墙,可考虑将能环视整个房间的点作为入口。如果弄不清楚,就在每个房间分别使用八卦图。

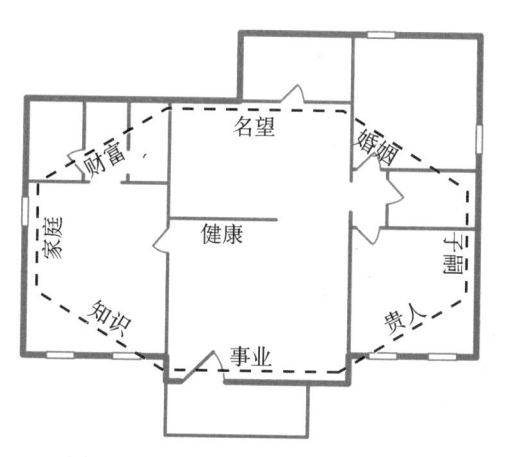

图1.3 八卦放置在房屋的平面图上

某一个房间——要更细致地了解家中的八卦位置,将八卦图置于每个房间,令其底部与每个房间的门口方位一致。

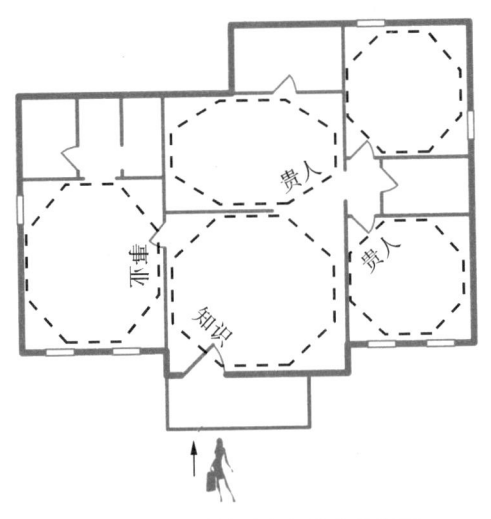

图1.4　八卦放置在各独立的房间

　　如果你的房子不止一层的话,在楼上放置八卦时,底边应与楼梯最上阶齐平,在楼下放置八卦时,底边应与最下阶楼梯齐平。如果一进房子或者上了楼梯迎面是一堵墙,不得不右拐或左拐才能走进一个房间,则需将八卦的底部定位在能够环视整间屋子的入口处。当在底楼的时候,可将主道作为入口,也可将能环视整间屋子的点作为八卦底边的方位。如果你弄不清楚,不妨两个方法都用,并且要将八卦应用于每个房间,这样可以覆盖房子的每个角落。

2 确定你的风水目标和愿望

　　所谓的"化解"就是为了使自己家里的风水更好而采取措施。运用风水原则时,目标和意图越清晰,效果越显著。把八卦上的九个区域列出来,然后逐一写出自己希望在这些方面得到何种改进。

　　知道自己需要在生活中哪些地方下工夫,就能更加有的放矢地使用化解方法。如果很想拥有稳定的恋爱关系,就要把重点放在家里的"婚恋区"。如果想得到一份更好的工作,就要在"事业区"下工夫。

　　但要时刻记住,生活的一个方面会影响到生活的其他方面。比如,虽然你的出发点是改善恋爱关系,但你必须同时关注家中的"知识区",因为你对自己了解得越多,你的需求就越有可能得到满足。如果你弄不清自己的愿望,就关注"健康区"。作为八卦的核心,健康主宰并影响周围的一切区域。当你为了化解某个生活领域的问题布置化解方法时,花点时间去看、去听、去感受该生活领域的既定目标实现时的情景。

3 九个简单步骤清洁你的居室

在应用风水布局前，需要清理家中的杂物。家里清理干净后，那些迟滞和不健康的能量也随之清除了。实际上我们拥有太多没用的东西，把这些东西清理掉，就为"化解"方法创造了发挥作用的机会。

1. 如果清理整个房子任务太重的话，你可以一次清理一个房间或者房间的一小块地方，如果有必要的话，甚至可以一次只清理一个抽屉。俗话说"罗马不是一日建成的"，所以别把自己弄得太紧张，但是工作一定要完成。要转变居室和生活中的能量，第一步是腾出空间使新鲜的能量注入。

2. 如果某种东西已经半年甚至一年没用过了，那么就把它送给某个可能比你更需要它的人。把这些不需要的物品、衣服给别人，你会感到莫大的自由，甚至会觉得这种接济他人的行为很有激励作用。

3. 确保家里不要有太多的家具,因为体积大的东西过多,会阻挡气在房子里的流动。家中需要有足够的空间让能量流动,也要让你有空间自如地走动,而不撞上什么东西。

4. 不要把所有的东西都放在车库或阁楼里,好像这样做就是把它们处理掉了。车库和阁楼也是你房子的一部分,也要像对待别的房间一样对待它们。

5. 把房子内损坏的物品修理好。如果门窗、房顶和房子的其他部分有问题,一定要修理好。同时,也要保证水、煤气、电等系统运行良好。

6. 如果整个房子或某个房间需要清洁,你可以在桶里装好水,滴入九滴薰衣草或柑橘精油,用来擦拭墙壁。这有助于清除房间内陈旧迟滞的能量。

7. 粉刷墙壁为居室注入新的能量。如果迁入新家,那么一定要粉刷墙壁并彻底清洗地毯,将以前住户留在上面的旧能量清除掉。

8. 如果你想在各房间的某面墙或所有墙上刷上彩色涂料,下面有几条建议:
   厨房:白色是最好的选择,会显得干净。
   起居室或客厅:大地色显得舒适、温馨并且能够使人们凝聚在一起。蓝色和绿色能够为这些房间增添生机。

卧室：桃红色、淡蓝色和绿色都是极佳的选择。

孩子的房间：孩子的房间涂成白色、绿色或者蓝色都有助于孩子茁壮成长。

9. 如果有几周或几个月日子不顺遂，你想尽快更新房子里的能量，可将所有的门窗敞开几个小时，让外面的气流过整个房子，来清洁居室。还可以在房子中央放一束鲜花，加快清洁的过程。

4 使用风水化解方法所需的准备工作

风水化解方法可用来有效地调节住房里气的流通。居住环境中的能量转换以后，会给你带来积极的影响。利用风水百宝箱中的风水化解方法，不管你想改变生活中的哪些方面，都能如愿以偿。

如果生活中有问题亟待解决，或者希望自己生活某方面好上加好，那么可以使用本书提供的一个或多个风水化解方法，实现自己的目标。比如，为了找到新的伴侣，可以用一面镜子将能量吸引到婚恋区（见贴士6）；为了使自己财源广进，可选择在财富区放置一棵植物（见贴士8）；还可用一块水晶使自己对事业的认识更清醒（见贴士5）。

在放置风水化解物之前，务必做好以下准备工作：

1. 站在每个房间的门口，评估一下房间的能量状况。

2. 任何杂物,无论是摆在房间显眼处的,还是藏在抽屉或壁橱里的,都要清理出去,因为每个物体都要占据一定的能量空间。修理房间里需要修理的物品,清洁那些需要清洁的地方,如果有必要的话,重新刷一遍漆。

3. 要清楚生活中哪些方面需要改善,然后把八卦图放在每个房间里,以确定生活中这些方面对应房间哪些位置。

4. 从风水百宝箱中选择你想要的风水化解物,以便达成以下目的:

- 解除已有的消极影响。比如,你可能要把房屋拐角弄得平缓一些,改变床的位置以利于睡眠,或者要把书桌掉个方向,以使你工作起来更方便。

- 增加室内的能量。比如,放一面镜子将能量吸引到特定的位置,或用一株植物带来新的生机和活力。当你使用风水化解物的时候,想象你在生活某方面所寻求的改善已经发生了。

5. 致力于个人发展,并采取切实可行的措施创造自己向往的生活。

5 使用百宝箱化解工具 1
——水晶

　　最大的能量之源是太阳及其创造生命的能力。而水晶球在激活太阳的能量方面,有着惊人的本领;它们能够吸引太阳光,有聚光作用,而且无论你把它放在哪里,它都能够为那个地方带来空间延伸感。我推荐使用直径至少是1.5英寸或2英寸的透明多面水晶玻璃球。可以视具体情况,将它们放在某个平面上或悬挂起来。如果要悬挂水晶球,按严格正统的风水原则,要用一根红绳或红色丝带将晶体悬挂起来,红绳或丝带长度应为九英寸,或是九英寸的倍数。如果传统的红丝带不符合你的审美标准,用透明的金属丝也可以。如果你愿意的话,甚至可以把喜欢的珠子或者宝石装饰在丝带上面。

　　这些多面的水晶玻璃球可以折射自然光,并且散发出绚丽的光彩,照耀整个房间。水晶球散发出的光作用如下:

- 清除停滞污浊的能量。
- 提升所处空间的能量,并使萎靡的角角落落都充满生机和活力。
- 防止能量流动过快。
- 平衡并分散能量。

买到水晶球之后,一定要放在流动的冷水下面冲洗一两分钟,待冲洗干净之后再放置在需要的地方。把水晶球放在特定的卦上,或房间的某一位置时,要想象在对应的生活领域你期望发生怎样的变化。比如,如果你把水晶球放在健康区,在悬挂或放置水晶球的那一刻,要想象它就在为你和你的房子吸收更多的能量、活力和健康。也可以想象身体正在康复、衣服可以买小一码了或者总体上精力更充沛了。如果水晶球摆放在平面上,不妨在其下放一面小镜子,这样水晶球能够捕捉阳光并因此被激活,五颜六色的水晶之光会溢满居室,带给你更多的福祉。

6 使用百宝箱化解工具 2
——镜子

镜子有以下惊人的功能：

- 吸引能量并能够使能量聚集在某个特定的区域。
- 强化镜子映射的物体。
- 改变能量方向。

当你买镜子的时候，要记住镜子越大，它的力量就越强大。不要用有裂痕或上面有污迹的镜子。切记不要用镜砖，因为镜砖照到人时，影像会支离破碎。

旧镜子也不打紧，能使室内别具一格，但是镜子上不能有划痕。镜子断不能有任何扭曲。假如把一个扭曲的镜子放在财富区，它就会扭曲或干扰你的财路。如果放在婚恋关系区，你的婚恋关系同样也会遭受波折。另外，如果挂镜子的话，需了解镜子能够给予所映射的事物双倍的能量。如果镜子映射的是花草、树木、美丽的绘画、鱼缸或是令人叹为观止的雕塑，那很好。如果它映射的是外面的垃圾桶或者电线杆，那就不好了。

当你悬挂镜子时，想象它正在为你想拓展的生活领域吸引能量。确保镜子上方及两侧有充裕的空间。如果你照镜子时，头无法照到，就会损害你的自尊心，所以家里的镜子要足够大，保证家里最高的人和最矮的人照镜子时都能看到自己的头。

镜子在房间里的确能够造成空间假象，所以在"区域不全"的房间里，或者说既不是方形也不是矩形的房间里，使用镜子是非常好的。如果你有一个 L 形的房间，你可以在"凸进"房间的墙面上挂上镜子，给人一种墙后移了的感觉。

7 使用百宝箱化解工具 3 ——灯饰

灯饰具有以下神奇的作用:

- 提升并激活气。

- 填充室内外"缺失的区域"。

- 突出强调某些区域。

要在家里取得所需的效果,并不必一直让灯开着。但是,房中所有的照明设备必须处于良好的工作状态。当你买灯饰的时候,要考虑买那种朝上的、能够提升室内的气的灯。如果家里天花板是倾斜的,用朝上的落地灯非常合适,因为它能够起到弥补倾斜面的作用(见贴士48)。不要使用荧光灯,尽量使用全光谱光源(见贴士32)。

如果你想突出房屋的某个区域或某个特征,比如要突出写字台以便你能更专心致志地工作,这时也少不了灯饰。点燃的蜡烛和壁炉也能够释放巨大的能量,并且使人们凝聚在一起。

8 使用百宝箱化解工具4
——植物和鲜花

在家里种一些植物非常好,因为它们:

- 代表新生命。

- 象征着成长。

- 散发积极的能量。

- 吸收污染,净化环境。

将植物放在卦上你需要改善的位置。最好种那些朝上生长的、叶子呈圆形,不像仙人掌那样多刺的植物。要使你种的植物看起来健康并充满生机,避免用干花,枯萎的花要及时扔掉。刚刚采摘的花朵释放积极的能量。人造植物也散发积极的能量,不过它们得逼真才行。把植物或鲜花放置在卦位上时,想象该卦上有了成长进步以及新的活力。

如果家里有地毯,那么植物更是装饰必备,因为它们能够帮助吸收地毯材料释放的有毒物质。

9 使用百宝箱化解工具5
——水饰

人类需要水,有史以来,人类一直就在河边、溪边和海边建造房屋。如果安排合理,房子内外流动的水可以有以下功能:

- 为家庭带来繁荣。
- 为家庭带来活力。
- 其声音和流动能够激活能量。
- 有助于气的平衡。

喷泉

(如果有足够的空间)在大门口安装一个喷泉,是极为有益的。确保水流向你的房子而不是流走,因为你希望气是流向室内的。买一个与房子及摆放区域风格和规模相匹配的喷泉。在安装喷泉的时候,想象更多的繁荣和新的机遇正涌向你家。喷泉最好是能看到流水也能看到蓄水池的。室内外事业区的流水象征着工作顺利和财源滚滚。

鱼缸

想要愉悦心情,鱼缸是一个非常不错的风水工具。鱼缸里的鱼、水还有气泵相结合,将活力和能量带进放置鱼缸的区域。鱼在鱼缸里逍遥自在地游动,代表生活顺心,没有阻碍。众所周知,鱼缸能够带来新的活力、财富和好运。这就是为什么我们在饭店里多看到鱼缸的原因。要保持鱼缸清洁,使鱼一直保持健康活泼的状态。如果发现里面有鱼死了,要尽快清理出去,放入新鱼。在鱼缸里面要安装一个灯,并且鱼缸要足够大,使所有鱼儿能够快活成长。如果鱼儿长大了,鱼缸里放不下,就把它们放到鱼池里或者送回宠物店去。不要让它们在狭小的鱼缸里受压抑。

如果你想靠工作挣到更多的钱或者想得到晋升,把鱼缸放在事业区是非常有益的。把鱼缸放在财富区同样能够使你挣到更多的钱。

彩色的鱼非常可爱,也是极好的选择。不妨使用一个非常讲究的风水技巧,即养九条鱼——八条金鱼和一条黑色的。如果黑色的鱼死掉了,据说那是因为它吃掉了那些消极的气,否则这种消极的气会冲撞到你。

游泳池、湖和鱼池

在房子后面的湖、池塘和游泳池能够提高房产的能量,增加住户的财富。但是,说到游泳池,这里有几个事项需要注意。游泳池大小须和房子大小成比例。如果游泳池太大,就会削弱住户的气并且震慑房子。

游泳池最好是圆形、椭圆形或肾形。如果泳池形状是环抱房子的,那么这个泳池就能够为房主聚财并保有财富。千万不要让泳池有朝向房子的尖角,因为这相当于暗箭煞,能诱发灾难。为了保持最稳固的平衡,泳池最好建在房子后面靠墙边的位置,而不是建在房子正后方。

10 使用百宝箱化解工具6 ——色彩

色彩能够提振居室内的能量并能改变我们的心情。

不同的颜色释放不同的能量并且具有不同的象征意义。参见第 32 页的八卦图，了解颜色与五行的对应关系。

黑色

黑色不要用得太多。它能够吸收能量，适于在事业区、财富区和家庭区里使用。

蓝色

蓝色代表才智。它象征着灵性和思考。水元素是它的代表物，是财富、事业和家庭区的优选色调。

绿色

绿色代表平衡、新生命、和谐、成长以及康复。可用在财富区、家庭区和名誉区。

红色

红色是最积极的颜色,因为它与喜悦、激情、力量、庇佑和活力紧密相联。火元素是它的代表,应该在婚恋区、知识区和名誉区使用。

白色

在西方国家,白色被认为是代表着纯洁、坦诚、天真无邪的颜色。白色属金,适宜在子嗣区、贵人区和事业区使用。

紫色

紫色是高贵和权力的象征,一个十分有灵性的颜色。紫色属火,适用于婚恋区、知识区和名誉区。

粉色

粉色代表浪漫,象征爱情和情感。它属火和土,非常适用于婚恋区和知识区。

黄色

黄色和褐土色代表健康和人际关系。黄色属土,非常适用于健康区、婚恋区、知识区、贵人区和子嗣区。

灰色

灰色代表隐藏的东西,故适用于处于前门附近的事业区、贵人区和子嗣区。

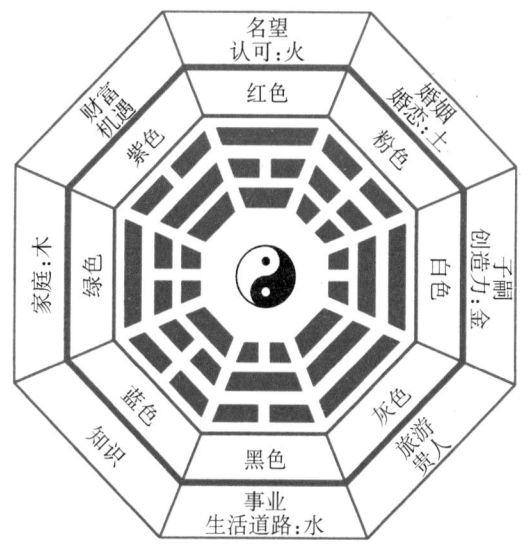

图 10.1 八卦及对应的颜色和五行

11 使用百宝箱化解工具 7
——吊饰

吊饰靠气流的作用摆动。它们能够:

● 移动并且激发能量。

● 潜移默化地清除迟滞的能量。

● 平衡并调节杂乱的能量。

吊饰非常适于用来缓和室内突出的墙角或边缘。它们也能够非常巧妙地给人以错觉,使人感觉高高的天花板并不是那么高。

如果吊饰没有挂在室内有空气流动的地方,你可以时不时地碰它们一下,使它们活动起来。

在室外挂旗子和风筒也是激发能量的好方法。对于前门在房子侧面的房型,可以在通向前门的路旁挂旗子和风筒。

12 使用百宝箱化解工具 8
——重物

重物能够:

- 给一个空间带来稳定和宁静。

- 增加重量并有助于能量向下流动。

- 增强踏实感。

既然重物能够稳定一个空间,那么把沉实的塑像放在花园里是非常好的选择。如果在婚恋方面有些坎坷,可以在室内的婚恋区放上一对石头雕塑。另外,重的雕塑还可以用于弥补室外空间上的欠缺(见贴士 16)。

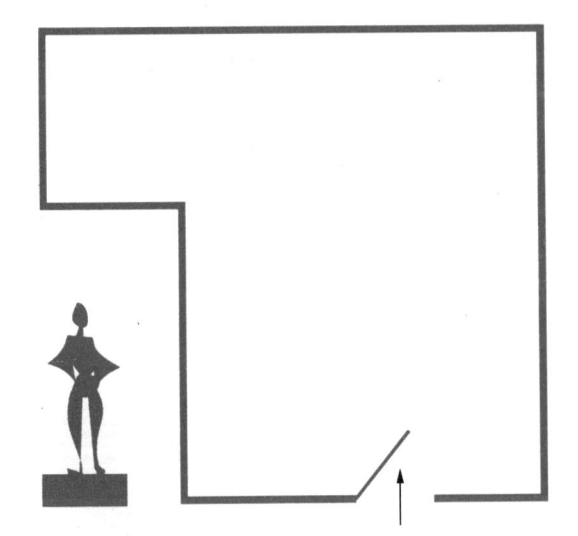

图 12.1　塑像填充室外缺失区域

13 使用百宝箱化解工具 9
——声音

声音可以：

- 改善人的心情。
- 提升人的精神状态。
- 使人放松。

如果你想放松自己紧张的神经，可以去听一些悦耳、和缓的音乐。如果想使自己精神焕发，可以听一些节奏感很强的声音或音乐。

风铃：风铃可以发出非常悦耳的声音，是风水里的一个化解工具。把它们挂在室内或室外能够创造新的能量和新的机遇。

铃铛：铃铛能起到保护作用。比如，可以在门上系个铃铛，当有人进来时，铃铛会发出响声。

噪音：割草机和汽车喇叭会发出刺耳的声音，刺激人的神经，让人感到紧张。尽可能远离这些噪声，并多听听使人舒适放松的音乐，以中和掉这些噪声的影响。

14 使用百宝箱化解工具10
——竹笛

在中国,据说竹子有以下用处:

- 带来好运和援助。

- 驱散负面能量。

在风水里,竹笛是非常强大的化解工具。它们象征力量、耐力和权势。

如果你对笛子感兴趣,一定要买竹子做的,不要买木棍做的。竹子是一种非常结实的植物,竹节赋予竹笛独一无二的能量。

15 找出房屋所有缺失和延伸的部分

　　在风水学里,房子和宅基地如果是方形或矩形是最好的。圆形或者八边形也不错,只是现实中很少见。如果你的房子不完全是方形或矩形的,那么有一个办法可以看出这个不规则的形状是对你有益还是会妨碍你的发展。

　　如果房子形状是不规则的,由于不对称,总会有延伸或缺失的地方。有延伸是好的,而如果有缺失的地方就不好了。不过有很多简单的方法可以弥补缺失的区域。

　　那么如何知道自己的房子或宅基地有没有延伸或缺失呢?如果有按比例绘制的房屋平面图,那最好了;如果没有的话,自己尽量按比例绘制一幅。查看一下房子有没有像被咬掉一块的地方(缺失的区域)和凸起的"一大块"或是多出来的一片空间(延伸的区域)。

　　缺失的区域指长和宽都不足墙体宽度一半的缺口。这样的缺口是不吉利的,需要用一些化解措施来补救。

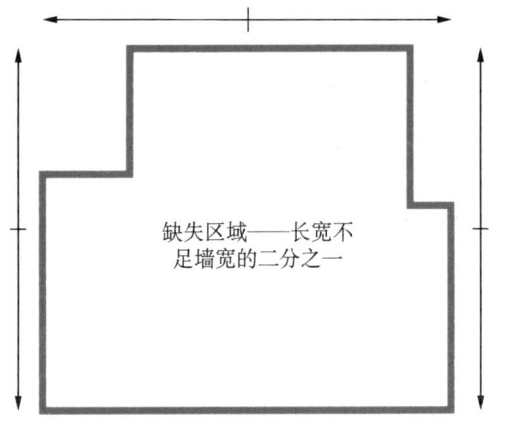

图 15.1 缺失的区域:房子看起来好像是被咬掉了一大块似的

　　延伸的区域就是房子凸出的部分,但其宽度不超过
墙体宽度的二分之一。延伸的地方能量是非常强大的,
并且能够为它所在的区域带来更多的机遇。

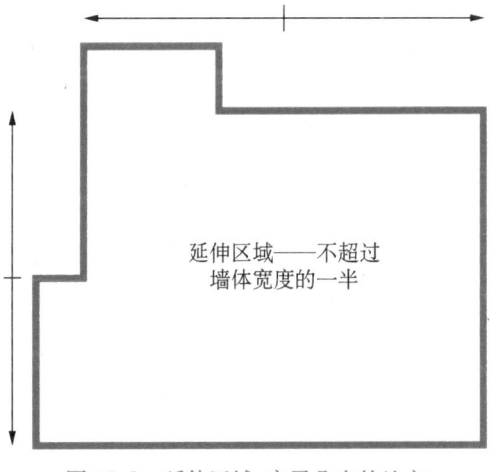

图 15.2 延伸区域:房子凸出的地方

16 弥补室外缺失的区域

要想弥补室外缺失的区域,就要象征性地将房子形状补全(见贴士 12 和 15)。一旦将房子结构补全,你就会重新获得完整房屋应具备的能量。以下几种化解方法都是将房屋室外结构补充完整的最佳方式:

1. 竖一尊与房子比例适当的大雕像。

2. 种一棵树。

3. 种一片植物。

4. 在外面安装一个可以照到屋顶的灯。(不必总开着。)

5. 安装一个水盆。

这几个化解方法可以混合使用。这些物品要置于室外某个角落,象征性地使房子成为方形或矩形。

17 弥补室内缺失区域

要弥补室内缺失区域,你可以采取下列措施:

1. 在缺失区域凹进的两面墙上各挂一面大镜子。务必要保证镜子映射美好的事物以增强效果(见贴士6)。

2. 在凹进室内的墙角处悬挂一个大的多面水晶球,如果你喜欢的话,也可以改用一个吊饰(见贴士5和11)。

3. 沿着凹进的墙摆放一些健康的植物,它们能够为该区域吸收能量,有助于弥补缺失区域(见贴士8)。

即便用以上一个或多个方法弥补了缺失区域,你还是应该在其他房间着重加强该缺失区域所对应的生活领域才好。比如,你弥补的缺失区域是起居室的婚恋区,那么你就要加强房子中所有其他主要房间中(尤其是主卧室、起居室和厨房)的婚恋区来进一步弥补缺失区域造成的不良影响。

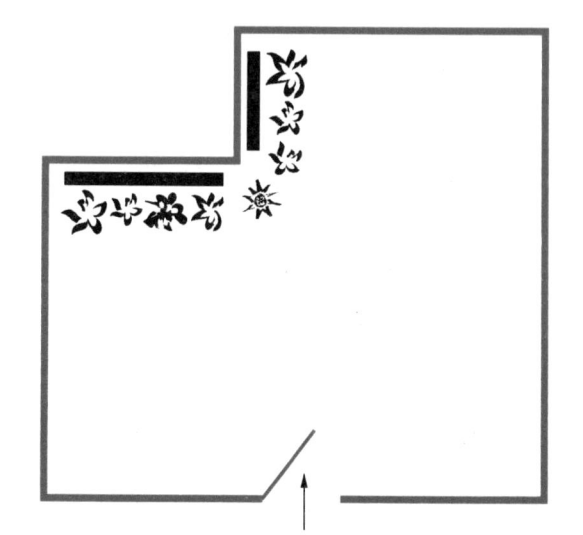

图 17.1　用植物、镜子和水晶填充室内缺失区域

18 弥补宅基地的缺失区域

要弥补宅基地的缺失区域，可以采取下列措施：

1. 在宅基地所缺失的区域的角上竖一个旗杆，在旗杆上挂上一面彩旗。

2. 在缺失区域的角上竖立一个高高的杆子，在上面安上明亮的聚光灯。

3. 沿着缺失区域的边缘，种一排篱笆或各种漂亮的植物。

4. 在宅基地缺失区域的三个角上各挂一面旗子或各安一个聚光灯。

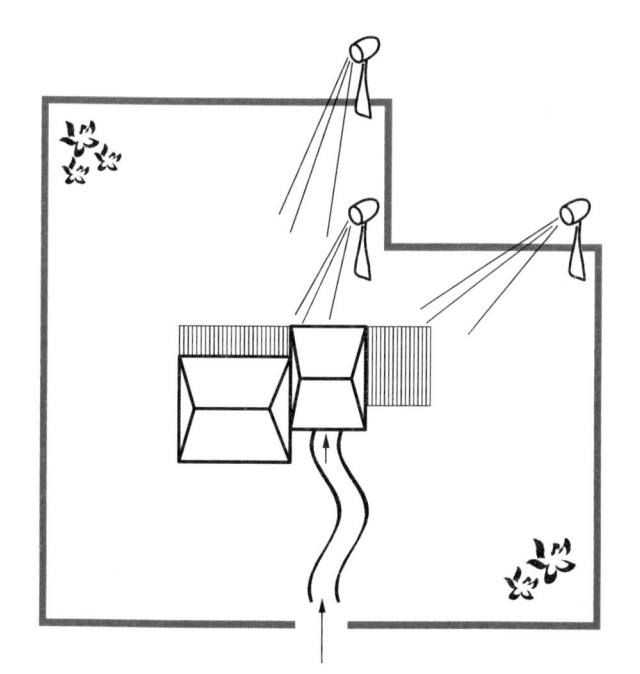

图 18.1　用聚光灯弥补缺失的区域

19 使用五行

中国人认为宇宙万物都是由五行构成的,五行不同形式的组合可以打造出不同形态的生活环境。五行包括金、木、水、火、土,它们在风水中都发挥着巨大的作用。五行中的每种元素都有与之对应的独特性质、能量和颜色。

木(家庭区/绿色)——想有一个新的开始或想在生活的某方面取得进展,就使用五行中的木。

火(名誉区/红色)——如果想要更刺激一点的生活,想要感到自己不断进步、精神飒爽并且被别人认可,就使用五行中的火。

土(健康区/黄色)——五行中的土有助于稳定、平衡和夯实生活中的某个方面。土尤其有助于你变得更冷静、理智。

金(子嗣区/白色)——如果想改善人际关系,促进事业发展,并使自己更专心致志,就使用五行中的金。金也能够赋予你的孩子更多的力量。

水(事业区/黑色)——如果想使生活更加明朗,就使用五行中的水。水能够使更多的人走进你的生活,让财源滚滚而来。水也能够使你内心平静,带给你安宁。

20 结合五行使化解方法更有效

五行之间以相生相克两种模式相互作用,五行结合使用,它们的威力变得更大。在相生模式里,各"行"之间互生互利,其中的一"行"会使另一"行"变得更强大。在相克模式里,各"行"之间相互抑制。

相生模式

在相生模式里,五行之间的相互关系如下:

水生木

木生火

火生土

土生金

金生水

如何利用相生模式

1. *使用元素本身*：可以将某元素放在其所属的位置。比如，想使财富增加，可以在房间的财富区放一盆植物(木)，或将那里的墙壁刷成绿色，或者在那里放置一个长方形的物体。这样做，就等于使用了一个代表所需元素的物体、颜色或形状。物体、颜色或形状三者都用也可以!

2. *使用"生我"元素*：可以使用"生我"元素，即可以在财富区放一个喷泉，因为水生木。

3. *使用"我生"元素*：可以使用"我生"元素，即可以在财富区点一支红色的蜡烛，因为火由木生。

4. *使用上述三种元素*：还可以将主元素、它的"生我"元素以及"我生"元素并用。这样可以启动一个威力强大的往复循环。

5. *使用五行的所有元素*：可将五行所有元素放在一个区域，来营造一种和谐、完满和宁静氛围。

相克模式

在相克模式里，五行的相互作用如下：

金克木

火克金

水克火

土克水

木克土

如何利用相克模式

如果一个元素处于"克我"元素所属的位置,你就可能会遇到麻烦。比如,不可将喷泉放在居室内的名誉区(火),因为水克火。如果遇到该情况,可以采取以下解决方法:

1. 移除引发问题的元素。比如,拆除家中名誉区的喷泉。

2. 在元素所属的区域增大该元素的量。例如,在名誉区,增添适合名誉区的物体、颜色或形状。

3. 为了对抗区域里的问题元素,可以添加"我克"元素。比如,在名誉区点一支蜡烛,因为火能与水抗衡。

21
让更多的机遇通过前门进入居室

能量和机遇是通过前门进入居室的。前门通常被称作"气口",因为通过它居室才能获得滋养,就像我们用口获取食物一样。正如身体健康源自饮食一样,家居的健康取决于通过前门进入房屋的一切事物。因此,前门是居室至关重要的部分之一,可以说是重中之重。

前门正对大街是最理想的,这样能量和机遇能够很顺畅地从路上流入居室。但是,如果你家前门没有处于这么风光的位置,而是隐蔽在房子的侧面,那么你可以在大街到前门的路上沿途安上灯,种上植物,挂上旗子甚至风向标。这样做的目的是引导能量进入"隐蔽的前门"。

当你走近前门的时候,你的感受应该是轻松愉快的。你家的门牌号应该从大街上就清晰可见,这样人们能够轻易找到你。

如果是住在公寓里,那么可能要穿过黑暗的走廊才能到达自家的大门。要是这样的话,要保证楼房进口到你家大门之间的道路畅通无阻。条件允许的话,可以在通向你家前门的走廊上摆几盆植物。走廊上不能放的话,也许可以在自己家大门外放上一两盆植物,这样当你看到自己的家时,精神会为之一振。

不必改变前门的颜色。只要保证门的状况良好就行。也就是说,门没有吱吱嘎嘎的声音,门锁没问题,门把手没有松,门上的漆没有剥落,门铃没坏并且开门的时候门不会刮擦到地板。如果门不好用了或看起来太破旧,那么你可能会感觉很萎靡。

还有一种大门是需要补救的,那就是带玻璃窗的大门,因为玻璃窗给人易受侵害、易遭破门而入的感觉。如果可能,就将门换成纯木质的或者把玻璃窗遮盖起来,不让人往屋内窥视。

22

三个小贴士让更多能量从大门而入

如果想让更多的能量进入大门,并且空间允许的话,可以利用以下三种方式来实现:

1. 在大门口摆放水饰

大门口和过道上都是摆放水饰的好地方。过道和事业区与水元素一脉相承。流水能够发出令人轻松愉悦的声音,而流水释放的负离子能使你头脑清醒,带给你清新的能量,帮你过上和谐幸福的生活。喷泉或瀑布会使你更健康、更富裕,使你和家人的生活更和谐美满。

喷泉和瀑布,能看得到接水池和流水的为佳。如果喷泉是在室外,要确保水落下的方向是朝向房子的。

2. 在大门口摆放植物

植物能够释放出大量健康的气,所以在过道两侧摆放两个大的盆栽植物有助于将健康的能量引入居室。选择圆叶的植物为宜,不要选叶子尖的植物。千万不要选仙人掌或是风干的植物。

3. 在大门口放置雕像

如果想在大门外放置塑像,可以选择福狗或狮子的塑像,这些威猛的动物能从心理上威慑窃贼。据说这些动物有很强的防卫能力,传统上一般放置在中国的宫殿、陵墓、政府办公楼前,保护里面的成员。

23 让走廊里的能量充满整个房间

如果你把屋外的大路假想为大海，那么通向你家大门的小路就是大海分流出的小河，而走廊就好比是河的支流通往各个房间。

通过这样的比喻，你就会明白如果在前门或是走廊上（支流）有障碍物，那么流向室内的能量和机遇（水）就会枯竭。所以一定要确保居室的过道和走廊清洁无杂物。

你或许喜欢把外套、鞋子、书、自行车及婴儿车放在门口，这并无妨碍，只要保持门口整洁，开门的时候没有东西阻挡就行。要使房子里有尽可能多的空间供气自由流动，进入每个房间，并进而滋养不同的生活区域。理想的居室入口应使人神清气爽，应干净整洁、空气清新，能够给人以视觉享受并使人感到宁静。另外，入口要光照充足、开放、空阔，有吸引力并且尽头要有舒适的座椅等着你,或者也可以放些漂亮的物件在门口,使你一开门就觉得赏心悦目。

如果你家的走廊狭窄,光线又暗,就会影响你的心情和健康。清理走廊上的杂物、使用明亮的灯具、挂水晶球来散发能量,以及在走廊挂上镜子等方法可以让黑暗狭小的走廊变得开阔明亮起来。如果有放植物或鲜花的地方,一定要选一种摆在走廊里。不管空间多小,都可以把它的作用发挥到最大。

24 在大门口营造开放性和空间感

如果走进大门首先看到的是一面墙（很多房子都是这样的），回家的时候就会有被阻挡的感觉。要解决这个问题，可以在墙上挂一面大镜子，让它映射门外的事物，创造一种空间感。不过要保证镜子里映射的是养眼的事物，因为从心理上讲，镜子能使所映射的事物的威力翻倍，因此你不能让镜子去映射垃圾桶！

如果一进门映入眼帘的并不是墙，但是你希望改善过道的风水，那么可以考虑在那里摆放踏进家门时最乐意看到的物件。你是喜欢植物、鱼缸、雕塑，还是美丽而明快的图画或照片？踏进家门时看到什么让你最开心，就将什么放在过道上。

25 了解家里第一个房间的作用

　　一进房门看到的第一个房间能极大地影响你在家庭内外的生活。下面假设你进门后首先进入的是以下几个房间，我们来讲讲各种情况下你的生活会受到什么影响。

　　客厅或活动室——如果你首先进入的是客厅或者活动室，你会感到非常舒适放松。确保客厅或活动室有舒适的地方可以坐下来。

　　书房或办公室——如果你走进家门的第一个房间是书房或办公室，可以使你更有热情学习，在事业上更有上进心。

　　厨房或餐厅——在很多房子中，厨房都在房子后部。但是，假如你回家第一眼看到或走进的是厨房，那么不论饿不饿，一到家你都会下意识地想吃东西。进门第一间如果是餐厅，结果也是这样。解决这个问题最好的办法是把厨房门关上，这样回家时就不会一眼看到厨房了。

也可以在烧饭的位置上方挂一个水晶球来分散能量。

卧室——如果进门首先看到的是卧室,你就会感到慵懒,一回家就想躺在床上。如果你家恰巧是这种情况,就在前门和床中间悬挂一个水晶球,并且保证你卧室的门时刻关着。

浴室——如果一进门看到的是浴室,那么必须保证浴室的门时刻关着。浴室对你以及你的财运有冲刷的作用,因为下水道会把气冲走。如果你想多用些化解方法,则可在浴室门外侧挂一面镜子,镜子能够把浴室的能量反射出去(更多浴室化解方法见贴士38)。

那么侧门怎么样呢?

如果你把车停放在紧挨房子的车库,然后从车库(或另一个侧门)进入房间,上面的办法依然适用。一定要保证房子的侧门门口干净整洁、赏心悦目。

26 前门正对楼梯或正对后门应如何化解

不论是楼梯对着前门还是后门对着前门，对你家里的能量都会产生不利的影响，但是影响方式是不同的。以下是可以采取的一些化解方法：

楼梯正对前门——如果楼梯正对着大门，那么你的财运和机遇就会受到损伤，因为当能量流到你家的时候，还没上几级台阶，就向外返了。如果你家是这种情况，可以在楼梯底部摆放一棵植物，或者在前门和楼梯底部之间挂一个多面水晶球，减缓能量(气)的流速。如果房子特别大，经济条件允许，就安一个枝形吊灯。

后门正对前门——如果后门正对着前门，就会对流进、流出居室的能量产生风洞效应。流入前门的气还没有在整个房子里循环就迫不及待地从后门出去了。如果有扇大窗户正对着前门，也会出现同样的情况。两扇门正对并且前门在房子前部正中央，则有将房子一分为二之嫌。

　　无论是后门正对前门,还是窗户正对前门,在前门与后门或窗户之间挂一个多面水晶球(或枝形吊灯),来减缓能量的流动并使其扩散,都是非常有效的。也可以在前门对面的窗户上挂上窗帘,阻止流入房间的能量很快流走,或者你认为其他物品有类似的功能,能防止流入房间的气直接流走,也可以拿来使用。

27 设计理想的房屋平面布局

如果你打算买新房,或想重新装修现有的房子,请记住下面的几条注意事项:

房子的前部最好是以下房间:
办公室
办公室位于房子前部可以使你与外面的世界保持联系。有这样的地利,你轻轻松松便可生意兴隆通四海。

客卧
客卧适于设在房子前部,这样可以防止客人久留不去。

孩子的卧室
房子的前部也是成年孩子卧室的首选位置,因为这个位置可以给孩子自立的感觉。

房子的后部最好是以下房间：
主卧室

主卧室无疑要尽一切可能安排在房子的后部。这里是房子里权力至高无上、最具统领性的位置。如果主卧室在房子前部，就在房子后部放置一面大镜子，与主卧室的床遥相呼应，这样可以有效地把床"拖到"房子后部。

厨房

如果厨房在房子前部，你可能会更贪吃，很容易增加体重。要解决这个问题，可以像化解主卧室在房子前部的问题一样，将镜子挂于房子后部与厨房相对的位置，把厨房"拉"到房子后部，或者在做饭的位置上方挂一个水晶球或风铃，来平衡能量。

28 化解房子中间区域的问题

　　前门或许是房子最重要的部分,但是房子的中央的作用也不可小觑。这是因为房子中央能左右房子其他所有部位的能量,也受所有其他部位能量的左右,并会影响到你的身体、心理、情感和精神等各方面的健康。对居室中央区域的任何处理都会影响到居室所有其他区域,所以有必要对房子的中央给予更多的关注。

　　大多数房间坐落于居室的中央都不会有问题;但是,有几个房间如果在房子中央的话需要采取一些补救措施。

如果你居室中央是浴室怎么办?

　　一般在浴室里有三个下水口——浴缸下一个,台盆下一个,抽水马桶下一个,所以浴室里的气自然会下沉,导致能量流失。要解决这个问题,需得保持浴室非常干净整洁。马桶用完后要盖上盖子,台盆和浴缸用完后要用塞子塞住下水口。保持浴室内空气的清新,如果里面有自然光线,比如天窗,可以在那里摆上盆栽。还应在浴室的中央悬挂一个水晶球,而且浴室的门要一直关着。化解浴室这种问题的详细办法见贴士38。一个药到病除的风水化解办法是浴室四面墙都用镜子,该方法可从心理上使整个浴室消失。但是,这个设计风格或许你并不喜欢。

如果居室中央是主卧室怎么办?

如果卧室在居室中央,那么肯定会被周围漩涡般的能量影响。如果你家主卧室在居室中央,你会发现睡眠质量下降并且爱情也会受到困扰。一旦有这样的情况发生,那么就在房子后面的墙上挂一面大镜子,与床相对,这就从心理上把床放在了房子后部更安全的位置上。也可以在床上方的天花板中央悬挂一个多面水晶球,稳定房间内的能量。

如果房子中央是螺旋楼梯怎么办?

螺旋楼梯会把能量送往地下,从而造成财产损失并影响健康。该问题的最佳化解方法是在楼梯上方的天花板上悬挂一个多面水晶球,把气提升上来。

如果房子中央是橱柜怎么办?

如果房间中央是一个橱柜,那么必须保证橱柜是干净整洁的。在橱柜中间放一个水晶球,使其向周围释放积极的能量。

如果房子中央是壁炉怎么办?

如果在房子中央有壁炉,一定要在壁炉上方挂一面镜子,这样你的健康就不会江河日下、糟糕透顶。镜子有克制火元素的作用。也可以在壁炉旁边摆放一株或几株盆栽,为这个区域带来生机和平衡。尽可能少使用这个壁炉。

29 九个简单步骤改善你的客厅

客厅在房子的什么位置都可以。我们习惯在客厅里休息、和朋友消磨时间,很多人把它当成看电视的地方或活动室。为了改善客厅的环境我们可以采取以下措施:

1. 搬走不需要的物品和家具——站在客厅门口,感受房间里能量的状态。能量是否清新?客厅里的书是不是太多?有多余的家具吗?一定不要让客厅有太多杂乱无章的物品。所有的物品都会有震颤效应,而你需要更多的空间去放松和思考。(更多关于清洁居室的原则见贴士 3。)

2. 在墙上涂上适于休息的颜料——确保客厅感觉温暖、舒适并且宜人。如果墙体需要重新粉刷或者清洗,要毫不犹豫地去做。白色、褐土色或柔和淡雅的色调都适用于客厅的墙壁。装饰客厅的时候,要选择能够使你放松的饰品。

3. 把椅子放置在权力位置——把座位安置在客厅的主位上。沙发摆放好后,坐在上面要能对房间的入口一览无余,而且尽量不要让任何家具背对门口,因为这样会给人易受伤害的感觉。如果由于客厅的布局或其规模的限制,沙发必须背对着门口,那么可以在沙发后面放一个桌子,使沙发不受来自门口的气的冲撞,并在桌子上放一些盆栽,来驱散消极的能量。也可以在沙发前面的墙上挂一面镜子,让它映照出房间的门,这样你坐在沙发上的时候就可以看见身后进来的人。

4. 把茶几放置在沙发旁边——我通常建议把茶几放在沙发的前面,因为在客厅的时候,你一般是坐在沙发上的。茶几有稳固空间的效能,可使谈话的话题更集中。

5. 减少过道——假如家具之间有走道,人可以在你前面走来走去,会很不利于你放松休息。如果客厅条件要求这样的布局,最好只留一条走道,把家具集中起来摆在走道两侧,这样你就不会频繁被“路人”打扰了。

6. 不要让电视成为核心——如果客厅里有电视机,不要让它成为焦点。客厅是用来供人们娱乐、谈话、交流思想的地方。应该把电视机放在一个有门的电视柜里,不看电视的时候,就把小门关上。

7. 多放置一些盆栽和鲜花——鲜活的植物最适合放在客

厅了。植物能够净化空气,清除一些由电视屏幕和其他电器产生的电磁场。另外,鲜花代表新的生命,放在茶几或橱柜上,赏心悦目。

8. 认真选择墙上的装饰品——挂在客厅墙上的画或照片,一定要温馨、养眼。画的主体最好是自然和人物。

9. 使用比较矮的橱柜——在客厅里,尤其是客厅比较小时,一定要使用比较矮的橱柜。不可让橱柜给你造成压迫感,也不可让橱柜占据太多空间,使客厅显得更小。

30

在客厅使用"八卦"

在客厅使用八卦最适合不过了。以下是使用方法:

1. 化解生活各方面的问题——设想把八卦图放置在客厅的情景。要特别关注生活中你要改善的方面,以及客厅中与之相关联的区域。如果想改善的是感情生活,那就检查客厅的右后方看其是不是很杂乱,是否积了灰尘,是否需要填补生命力。如果是家庭气氛需要活跃,就注意看客厅左侧中间部分是不是有什么问题。这个方位是不是需要一棵盆栽,一个水晶球,或是其他的东西来平衡一下能量?

2. 让气充满每个角落——一定要让气充满客厅的每个角落,因此要保证客厅的所有角落光线充足而且没有杂物。如果想增加角落里的动能,可以使用盆栽、镜子、色彩鲜亮的画作、灯、水晶球或是风水百宝箱中其他任何东西,只要你认为它能够照亮生活中你关注的那部分就行。

3. 镜子的力量——在客厅里,如果镜子放的位置恰到好处,就能对气起到积极的作用。比如,可以把它放置在壁炉上方或者你想要关注的区域里。还有,如果客厅的形状不规整,可以通过放置镜子来弥补那个缺失的部分(见贴士 17。)

31 化解电磁场

室内的消极能量主要来自于我们使用的电器和电子设备。这些设备包括收音机、电脑、电磁炉、吹风机、电灯、电视、微波炉、烟雾报警器、照明设备、手机,等等。影响自然生态的电器和电子设备数不胜数的。

过多地暴露在电磁场中除了会增加罹患注意力不足过动症及神经系统疾病的可能性外,还会削弱人们的免疫系统、伤害身体并影响睡眠质量,已有大量研究对电磁场的这些危害进行了研究。有可能的话,就尽量让那些电器和电子设备离你远一些,并且要发掘一些能够防电磁场辐射的设施,尤其是针对电脑和电视的。

在家里还可以采取以下措施:

1. 尽量使用座机,少用手机。这样会减少电磁波对你的辐射。

2. 不要长时间把笔记本电脑放在身体任何部位上,尤其不要放在大腿上。我知道这听起来很矛盾,笔记本在英文中叫 laptop 就是因为它适于放在大腿上。你可以在腿上放个小桌子,把笔记本放在小桌上,或是干脆放在普通的书桌上,这样更好。

3. 睡觉的时候,把闹钟放在离你 30 英寸开外的地方。装电池的闹钟要比接电源的闹钟好。

4. 尽量少用微波炉,能停止使用更好。不要让电磁波辐射到食物,因为微波炉会破坏食物里的很多营养成分。

5. 不要使用电热毯,用热水袋代替。

6. 注意床边的墙的背面放的是什么。如果是电器设备,尽量把它移走。

7. 尽量少用吹风机。如果每天都非用不可,那就缩短每次吹风的时间。

8. 如果得长时间不间断地坐在电脑前,那么在电脑显示器上挂一个辐射防护罩。

9. 不把手机放在衣服口袋里。否则身体会遭受更多的电磁辐射。

32 使用全光谱照明设备

提倡使用节能灯,少用荧光灯,因为荧光灯会造成大量的电磁波污染。荧光灯发出的主要是黄光,而不是推荐的全光谱(全光谱灯泡发出的各色光类似阳光)。

研究表明,荧光灯会引起头痛、视觉疲劳、睡眠障碍、抑郁、学习困难、皮肤癌、皮炎和很多其他疾病。荧光灯还会影响人体荷尔蒙分泌,增大压力,并且使人变得疲劳易怒。20世纪60年代的一项研究表明,在荧光灯下的小白鼠能活八个月,而在自然光照下的小白鼠寿命是前者的两倍。所以家里要使用全光谱照明灯,以便家居环境有益身心健康。

33 用下列简单办法改善狭小的空间

　　如果住的房子很狭小，就要设法使它显得宽敞开阔一点。下面是一些使小房间显得宽敞的方法：

　　避免杂乱无章：丢掉那些你不需要的东西，把不适合放在窄小空间的物品放到储藏室去。

　　使用镜子和水晶：放置一面大的镜子来拓宽狭小的空间，并有章法地悬挂几块水晶以营造空间的延展感。

　　使用植物和大自然：房子里一定要有一些植物来净化空气并要尽可能多开窗。自然风景照片能将户外的能量带进房子。

　　为单间房屋划定功能区：如果你住的是只有一间屋子的房子，可以将其分成几个功能区，就像有几个独立的房间似的。设计一下房间各块的用途，并用屏风、高一点的植物、书架以及窗帘将各块巧妙地分隔开,这个过程是非常有趣的。记住最好不要对着冰箱睡觉,也不要让书架及电子设备离自己的床太近。

34 九个基本步骤让你的餐厅焕发生机

在一栋大的房子里,餐厅是最不经常使用的房间,然而,从很多角度讲,它都是非常重要的房间。传统上,餐厅是联系家人和朋友的场所。家里的餐厅一定要装饰得温馨、安静又宜人。如果没有专门的餐厅,那么就选择一个地方,尽量将其与其他功能区分隔开并装饰得温馨点,作为餐厅用。

1. 使用变光器:就餐区一定要明亮,而且一定要以浅色调为主,比如浅褐色和黄色。在灯上安装一个调光器,这样当你忙碌了一天之后想要放松或有朋友来做客时,可以调节就餐区灯光的明暗以营造想要的基调。

2. 留足客人就餐的空间:要确保每一位客人都有足够的空间,可以舒适地拉开椅子,在桌边坐下。不要在餐厅摆放太多的装饰品,无论如何餐厅都不能弄得杂乱或拥挤不堪。

3. **使用水晶**：要让能量在餐厅持续缓慢地流动。在餐桌上方挂一个枝形水晶吊灯，可以起到这样的作用，同时还有助于维持室内能量的平衡。也可以使用一个多面水晶球，水晶有助于气在整个房间流通。在有两扇门相对的餐厅，能量进出非常快，尤其应该使用水晶球。

4. **挂上一面镜子**：在餐厅挂上镜子是极佳的选择。在风水学里，镜子照着桌子，对招财非常有帮助，因为它使桌子上的食物加倍，象征着使你的财富加倍。镜子同时也能够帮助拓展空间，保持气的流通。

5. **要看得到每个人**：如果餐桌上的蜡烛台、花瓶或是其他比较高的装饰品会挡住你的视线，害你看不到在座的人，那么用餐桌时，要把这些东西移到桌角，这样人们就能清楚地看到彼此，这些装饰物不移开的话会影响人们的交流。桌子上的酒瓶水瓶也要一样处理。可以把它们放在桌子边上，免得它们挡住谁的视线，如果能把它们放在厨具柜上或茶几上就更好了。

6. **合理安排客人的座位，以平衡氛围**：如果你要举行一个晚宴，那客人的座位安排是非常重要的。如果某个客人平时不健谈，那就把他/她安排在离门最远的上位，这样会鼓励他和别人多交谈。同理，如果哪个客人话太多，那就把他/她的位置安排在离门较近的地方，让他/她背对门口。这样能够使他/她安静下来。如此安排座位有助于创造和谐的宴会氛围,让你有一个轻松愉快的聚会。

7. **化解桌子上方有横梁的问题**:在风水学里,桌子上方有横梁是不太吉利的,会影响你的事业和财运。如果你家里恰好是这种情况,你可以有以下选择。或者是把桌子挪到别的地方,或者给横梁涂上与天花板相同的颜色,或者是在横梁两端各挂一个竹笛。

8. **使用你最喜欢的餐具**:自己用餐也一定要舍得用自己最珍爱的餐具。不要只是客人来了才摆出来。不妨在和情侣共进晚餐时或偶尔家庭聚会时拿出来用一下。

9. **餐桌中央一定要摆放装饰品**:餐桌不用的时候,一定要在桌中央摆放一盆水果或花卉。将它们摆放在餐桌中央不仅可以稳固桌子,还能够为房间带来健康。

35 将大型家具放置在主导位置

主导位置原则由来已久。在原始社会，人类通常依山建造房屋，以求得到保护。如今，同样的理念依然可以在居室内外使用。

谨记家里主要的家具，比如床、书桌或长沙发，最好放在最重要的主导位置，在该位置你无论坐卧都能做到：

1. 有最宽阔的视野，因而有纵览全屋的感觉。

2. 能够很清楚地看到门口。

3. 有坚固的墙做你的后盾。

4. 离门口最远。

5. 不会正对着门。（不要让快速流入门口的气直接冲撞到你）。

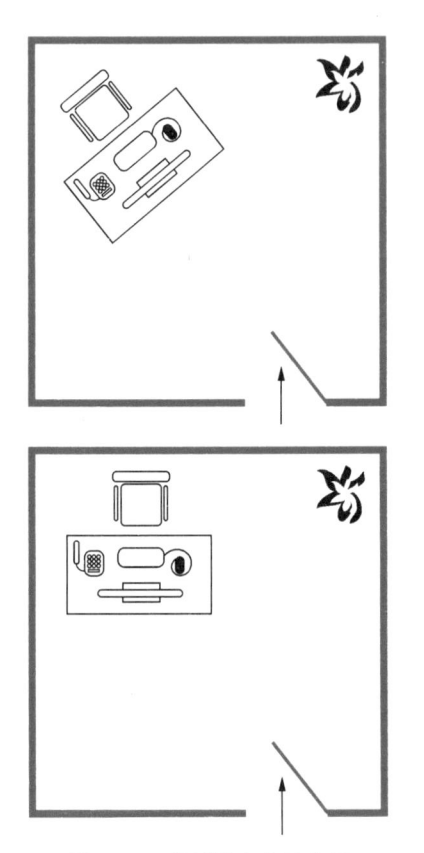

图 35.1　桌子放在主导位置

家具摆放满足这 5 个要求有助于你掌控自己的生活。但是,在大型家具必居主位这个问题上,也不可太死板。比如,床或桌子放在主位后,后面有一扇大的窗户,这时即便前面有宽阔的视野,也不算是好风水。桌子和床后面有坚固的墙做后盾固然好,但是如果上方恰好是倾斜的天花板或横梁,你一样会坐卧不宁。如果把家具放在主导位置并不合适,完全可以调整一下位置,然后用风水化解办法加以补救。比如,你可以挂一面镜子,以便当你坐在椅子上、坐在沙发上或躺在床上的时候,轻易就可以看见房门。

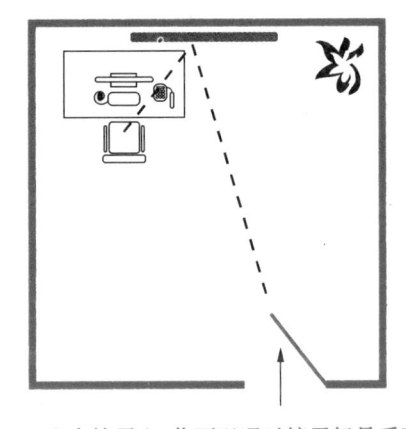

图 35.2 坐在椅子上,你可以通过镜子轻易看到房门

36 增强孩子卧室里的能量

下面一些简单的方法可以增强孩子卧室内的能量：

1. **床的位置**：孩子的床一定要有床头板，并且要把床放置在房间的主导位置（见贴士35）。床头不要在窗户下面，否则孩子会有睡眠问题。

2. **床的尺寸要足够大**：床的大小要适合孩子的身材。孩子睡上去时腿拖在床外面是断断不行的！床太小会妨碍孩子情感和心智的发育以及身体的成长。

3. **有关双层床的问题**：当孩子睡在双层床上时，上方气循环流动的空间会受到床的限制。睡在上铺的孩子会感觉不踏实，而睡在下铺的孩子会感觉空间狭小、令人窒息。如果房间里已有双层床或刚刚买来双层床，试着每隔一段时间让睡在上面的人互换一下位置；如果条件允许，最好尽早淘汰这种床。

4. **孩子的房间刷什么颜色**:孩子卧室的颜色最好是白色。浅颜色也是不错的选择,因为它们能促进孩子成长,给孩子带来安详的感觉。醒目的颜色易使孩子患多动症。

5. **对孩子房间内的艺术品需格外关注**:孩子卧室挂的所有图像和艺术品必须是积极、明快、友好的。

6. **吊饰悬挂的位置**:不要把吊饰悬挂在床头的上方,因为孩子睡觉时头是朝床头的。最好将吊饰挂在床尾上方,或是用它来缓和房间某个突出的角落。

7. **避免使用下面有储藏柜的床**:如果床下面有储藏柜,那就用来盛放床上用品或季节性衣服。不要在里面放玩具或书籍,这样会导致孩子难以入睡、彻夜不安或经常感到疲惫。

8. **保持室内整洁**:孩子房间太杂乱会让孩子无法清晰地思考,所以,如果房间里有不用的玩具、书及衣物,就清理掉。

9. **何时使用植物**:在房间内摆放一株比较大的植物,保持室内空气新鲜。植物还能吸收地毯释放的甲醛。

10. **卧室里不要放电视或电脑**:如果孩子需要用电脑学习并且电脑放置在书桌上,就用屏风或窗帘把工作和睡觉的地方隔开,这样孩子的睡眠就不会受干扰了。

11. **何处悬挂水晶**:在房间窗户上挂上水晶,有助于使孩子变得更富于创造力。当阳光照射在水晶上面的时候，七彩光散落在房间的各个角落，创造出美轮美奂的效果。还可以用水晶来缓和房间突出的角落，也可将水晶悬挂在房子中央来平衡整个房间的能量。

37 让你的家庭办公室更有效率

　　家庭办公室须得是一个工作效率高的地方。下面六个简单的办法能让你的家庭办公室变得更有效率:

1. 为办公室选择最合适的房间

　　家庭办公室最好的位置是房子前部,在这里你可以感受到外面的世界。但如果你是一位作家或艺术家,需要安静,那就另当别论了——对这类人来说,房子的后部也是一个不错的选择。绝不要把办公室放在房子中央,那样它有可能主导你的生活,使你的工作显得比家庭生活更重要。

2. 装饰房间以求效率和灵感

　　你需要一个整洁无杂物的办公室,置身这样的环境你可以自由思考,涌出新的想法,创造新的商机。确保在房间里有自由走动的空间,如果墙上有画作或照片,确保它们能够激励你努力工作。

3. 将书桌放在最佳位置

　　书桌就好比卧室里的床——须得占据房间的主位
(见贴士 35)。你会发现在这个位置会使你有更好的
工作状态,它会帮助你掌控自己的工作及新局面。如
果你不能面对门口,那就在门对面的墙上挂一面镜子,
这样你在书桌边的座位上就可以靠镜子的反射看见门
口。如果你书桌的一边紧靠墙壁,那就把它拉开一点,
这样你从桌子两侧都可以轻易地走到桌前坐下来。

4. 注意桌椅的质量

　　最好买一个新的书桌,免得上面有其他人留下来
的能量。如果你真要买二手书桌,可以在一桶水里滴
上九滴薰衣草或柑橘精油,把桌子好好清洗一下。

　　当你买新桌子的时候,要知道最好的桌子是有前
挡板的,而且挡板要一直延伸到地板。这样的书桌会
起到全面的保护作用,而且有利于巩固你的地位。

　　说到椅子,最好也是买新的,或者使用一个成功人
士用过的椅子。如果你决定买新的,要选靠背至少到
你的肩膀处的,这样的椅子会给予你力量和安全感。

5. 巧妙地选择灯具和电器设备

　　一般的办公室里有大量的电器设备和电磁辐射。
在房间里放一棵比较大的植物可以吸收部分的电磁
波,也可以吸收建筑材料里的有毒物质以及地毯里的

甲醛。

在桌子上放一盏明灯，一定要用全光谱节能灯泡。

6. 在家庭办公室里使用八卦

可以把八卦用在办公桌上，将腹部和桌子接触的地方作为入口。把电话放在财富区，当它响起的时候，会给你带来更多的生意。把灯放在任何你想提振或激活的区域。

在家庭办公室里，最适于关注财富区、贵人区、情感区以及事业区等卦位，能使你事业蓬勃、财源广进。

38 化解浴室问题以拥有更多健康和财富

众所周知,浴室可能对你的健康和财富不利,浴室通常有败家的名声,这是因为台盆、抽水马桶、浴缸和淋浴有下水口,导致气往下走,进而迫使能量下沉而不是上升。浴室里气的流失会损害与浴室位置对应的生活领域。不过,可以采取一些措施来减轻浴室对房子的不利影响。

1. 浴室的门必须一直关着! 如果家里其他人不配合,可以在门上安一个弹簧,这样门会自动关上。

2. 盖住浴室下水道的口,如此能量就不会下沉。也就是说,抽水马桶不用的时候就把盖子盖上,并且用塞子将台盆、淋浴房和浴缸的下水口堵上。

3. 在浴室门外侧挂一面与门等高的镜子,镜面朝外,取得使浴室"消失"的效果(因为镜子映射的是浴室外面的事物)。镜子会使气偏离浴室,当然,只有浴室的门关着的时候,这个方法才会奏效。

4. 如果浴室有自然光的话,则可以放一盆植物。这样做可以借助木的能量平衡浴室过多的水能量。同时,植物可以保持空气清新干净。最好摆放那些向上生长从而使气得以提升的植物,比如竹子。如果浴室没有窗户,可以在里面放一棵人造植物,只要看起来跟真的一样就行。我建议如果可能的话,就在抽水马桶的水槽上放一盆植物。如果那里没有空间,那就放在浴室别的地方,无论放在哪里,植物总会对浴室起到非常好的作用。

5. 一个非常有效的化解方法是在正对下水口的天花板上安上圆形的小镜子(直径最好在三英寸以上),这能够起到提升气的作用,否则气会下沉。

6. 把浴室精心装饰一番是非常重要的,装饰品可以是照片、盆栽、艺术品或是蜡烛——只要是能使你开心的物品就行。记住,你的目标是提升气并使你的浴室无以复加地温馨宜人。

7. 抽水马桶最好的位置是在门或矮墙后面,这样打开浴室门的时候首先见到的就不会是马桶了。如果你站在门口可以看见马桶,就在门和马桶之间悬挂一个多面水晶球来平衡能量。

8. 浴缸最理想的位置是能使水龙头离门口最近的地方，这样你可以看见别人走进浴室。如果没有这么奢侈的条件，就在浴室挂一面小镜子，这样有人进浴室时你也一眼就能看到。

9. 浴室最好铺木质地板、瓷砖或油毡。

39 浴室位置不当的
化解方法

　　理想的浴室位置是远离房子其他活动场所的地方，并且应该是一个幽僻安泰的地方。有些位置适合放浴室，有些位置不适合；但是，除非房子是你自己盖的，否则你无法选择浴室的位置。家庭区、子嗣区和贵人区是浴室的理想位置，如果这些地方光线充足就更理想了。

　　房子中央：房子中央最不适合做浴室，因为房子中央与房子其他所有地方息息相关。如果浴室在房子中间，最有效的补救方法就是在浴室四面墙上安上镜子。如果该方法不可行或不符合你的装饰风格，你可以用贴士38里面的化解方法，使浴室美观、有魅力。

　　进门第一个房间：如果浴室在这个位置，就会吸收由前门进来的气和机遇，并引导其直接流入浴室的下水道！这种情况最有效的化解方法是保持浴室的门关着，并在门外侧挂上落地长镜。除此之外，马桶用好后还要盖上盖子,而且浴缸、台盆和淋浴房不用时下水口也要封住。

情感区:如果浴室在情感区,你可能会发现和目前的恋人沟通不畅,或者恋情持续不长,又或者总是碰不着恋爱对象。如果遇到这样的情况,可以使用贴士38的某些方法。此外,你可能还需要在浴室放置两个一样的石雕。

财富区:如果浴室在财富区,你可能会发现很难挣到钱或者钱来得容易去得也快。如果你有这样的问题,请用贴士38里的某些化解方法。

40 调整炉灶以获得健康和财富

厨房的理想位置是在房子后部,因为房子后部要比前部更安静、更安全。这个位置还能保持炉灶的敏感度,炉灶可是家里非常重要的组成部分。在风水学里,炉灶代表健康、财富、爱情及总体幸福指数。

1. **炉灶的位置**:炉灶最好是放在厨房的主导位置,这样在炉灶边就可以纵览厨房,并且很容易看见门口。然而,很少有厨房采用这样的布局。通常情况下,炉灶是靠墙的,你做饭的时候要背对着房间。解决这个问题的办法是在炉灶后面挂上一面与炉灶同宽的镜子,这样你在做饭的时候,身后有人你也能看到。用闪亮的不锈钢也可以,效果跟镜子一样。据说镜子照到炉灶可以使你的财富翻倍!

　　如果炉灶后面没有空间放镜子,那么最好在台子上放一面落地镜,或在炉灶旁边的墙上挂一面镜子,这样你可以瞥见谁在你身后。

2. **炉灶的状况**:炉灶要保持极佳的状态,也就是说炉灶上的灯、计时器、风扇、把手以及最重要的火眼都必须时刻保持良好的工作状态。不要只使用炉灶前部的火眼,要把所有火眼都用起来,轮流着用。火眼象征着家里创造财富的潜能。

3. **炉灶的清洁卫生**:炉灶要时刻保持清洁,并且表面断不能有残留食物,残留的食物上附着有陈腐的能量。炉灶肮脏可能意味着你身体疲惫、意志消沉。

41 打造健康的厨房

下面九个简单的办法可以使你拥有一个更健康的厨房：

1. **清洁无杂物**：保持厨房清洁无杂物，保证橱柜里存放的厨具都确实会用到。厨房是活动的中心，是供人们享受美食、与家人朋友交谈的地方。厨房的氛围应该是清新、温暖、明亮的。

2. **炉灶与冰箱相邻**：如果炉灶与电冰箱相邻，那一定要在两者之间营造一种象征性的距离感。当炉灶代表的白热的火能量遭遇冰箱代表的冰冷的水能量时，会引起大量矛盾冲突。要解决这个问题，既可以在冰箱上装一面镜子正对炉灶，象征性地拉开炉灶与冰箱的距离并拓宽炉灶周围的空间，也可以在炉灶和冰箱之间挂一个多面水晶，平衡能量。如果空间允许，还可以在炉灶与冰箱之间放一些植物,构成一个屏障以防止两者间发生能量冲突。

3. **洗涤槽**:保持洗涤槽清洁、无阻塞,不使用的时候用塞子将水槽下水口堵上。如果有垃圾处理装置,保证它工作运转良好。

4. **刀具**:将刀具安全存放在抽屉里或刀架里。

5. **视野**:可以在厨房窗口悬挂一个水晶球,它能够吸收外界能量,假如窗外有不悦目的景物,水晶球能够驱散其消极的能量。

6. **微波炉**:尽量少用微波炉,因为微波炉会改变食物的分子结构,破坏食物中的很多营养成分。

7. **洗涤槽下面**:你要了解洗涤槽下面储存了多少有毒物质。如果你把存放在洗涤槽下面的去污用品拿出来,把它们倒入一个容器里,你可能会发现大量的有毒化学物质。很多去污产品毒性非常大。不慎吞食这些产品会导致中毒,即便吸入口鼻也非常有害,若接触皮肤也可能会引起过敏反应。现在市场上有很多的环保产品供人们选择,为你的家选用这些比较安全的产品,摒弃你目前使用的那些有毒产品,是非常明智的举措。环保产品在价格上可能要贵一点,但减少洗涤槽下储存的有毒物质绝对是物超所值的。如果你想用价格比较便宜的清洁剂,可以选择使用诸如小苏打、硼砂、白醋和玉米淀粉这样的东西。

8. **冰箱里面**：如果你倾向购买袋装或罐装食品,那一定要养成阅读成分表的习惯。里面天然成分越多,对你越有好处。相反,如果产品成分读起来越像化学实验用品,那么产品对你的伤害也就越大。如果上面有你不懂的字,一定要查一下字典。如果食品里含有添加剂,要晓得它们不会提供给你保持身体健康或精力充沛所需要的营养成分。一般来说,你会发现营养价值越是低的食品,里面含有的添加剂越多。如果你实在离不开你喜欢的食物,那么就尽量挑选一个比较绿色的品牌。

9. **饮用水**：如果你饮用未经过滤的自来水,那么事先弄清水里究竟含有哪些物质是比较明智的。自来水中很可能含有氯,如果你家的水里有氯(以及其他看不见的有毒物质),那就过滤后再饮用。我们每天都必须喝大量的水补给细胞,并且必须保证为组织器官提供的是纯净水,这一点很关键,绝不能让身体器官源源不断地喝氯水。可以在厨房水龙头上或洗涤槽下面安装一个过滤器,也可以使用滤水罐,平时把它摆在餐具柜上或冰箱里。

42 寻找理想的住所

风水学的知识可以应用到现在居住的房子里,也可以在寻找新房子的时候使用。要找到理想的住所需要花费时间和精力。以下一些方法可以使你明了自己需要什么样的住所,并且能使你尽快得到它。

1. 做要搬家状:把家里杂物清除出去,就好像要搬家一样。有没有找到新的住处都没关系;就假想已经找到了并假装自己得完成搬家第一阶段的工作。要有条不紊,并把自己不打算带走的东西全部丢掉。利用这次机会将那些过去一年都没用过的东西送人或丢掉。这样做主要是让上天知道你搬家的主意已定,上天会反过来帮助你找到新的住处的。另外,提早做了这些前期工作,等到真的搬家时,你会发现搬家也没什么难的。

2. **确定最迫切的需求**:列出五个你希望新家必须满足的
    重大愿望。如果你已经结婚或有伴侣,就写出你们两
    人共同的五大愿望,这样你们就会清楚自己追求的是
    什么。不妨问问自己以下问题:我希望步行就能到商
    店吗? 房子要很安静吗? 我需要花园吗? 我想要层高
    比较大的房子吗? 房子必须得宽敞明亮吗? 把所有需
    求写下来,如果家里只有你一个人,就看看哪三个需求
    对你最重要,绝对不能没有。如果你和伴侣住在一起,
    就要决定哪三个是两个人都不可或缺的。想要新家应
    有尽有是不现实的,不过如果自己最迫切的需要得到
    了满足,那就是个非常好的开始。

3. **憧憬未来**:想一下你想要什么样的房子,你想住在哪
    里。设想此时你就在那里。住在那里时你想要什么样
    的感觉? 关于新的住所你希望可以对家人和朋友说什
    么? 想象你会在房子里面看到什么。脑子里越是清楚
    自己寻找的房子是什么样,就越有可能找到它。此外,
    如果你是和伴侣一起搬家,那么就坐下来,一起设想新
    的住房是什么样的。

4. **相信你的直觉**:首次进入一所房子时,认真记录下你的
    感受。这个地方你找起来有困难吗? 如果是的话,那
    别人也会有同感的。你走进那个地方后感觉呼吸顺畅
    吗? 你觉得住在那里会收获很多吗? 你能想象要怎样
    装饰它吗? 当你去看新房子的时候,要相信自己的直

觉。如果你走进房子后,感觉它正是你要找的住所,那么它很可能就是你梦寐以求的家了。如果感觉不对劲,那么千万不可委曲求全,要继续寻找,直到找到你心目中理想的家。一定要有耐心!

5. 问一些恰当的问题:人们住的房子都有自己的能量,所以要弄清楚之前的房客为什么要搬走。这会提供给你一些线索,让你了解前住户住在这套房子里时日子过得怎么样。如果你问这些问题,就会对房子里的能量了如指掌,这非常重要,因为影响前住户的能量也同样会影响你,除非你有意识地改变它。

43 主卧室须是安静的地方

主卧室可以说是家里最重要的房间。你要退居到这里恢复能量，而后以饱满的精神状态走进外面的世界。人大部分时间是在卧室度过的，因此如果真正能够在卧室适当地恢复能量，就能以更加稳健、从容的姿态踏入外面的世界。如果卧室里电器太多，或床摆在了弱势的位置，你可能会感觉精神恍惚、精疲力竭。如果你有孩子，而你的床和卧室可以补给你能量，那么作为监护人，你便可以更顺利地补给孩子能量。

遵循下列建议，以确保你能最大限度地汲取卧室的能量：

1. 主导位置：主卧室最好是在房子后部的主导位置，那里更安宁、平和且有安全感。你可以设想在房子中间画一条水平的直线，那么线的后面就是主卧室最理想的位置。

2. **电器**：呆在主卧室时不宜"过于兴奋"，所以要把所有的电器（包括电脑和电视）搬出卧室，把它们放到其他房间里。如果不能搬出去，那至少要保证电脑不用时就关掉，电视不看时就用东西盖上。

3. **书籍**：确保卧室里不要有太多的书，这样你要休息的时候，就不会感到过度兴奋。如果在床头放几本你正在读的书，那是可以的。只是不要把家庭图书馆放在卧室里就行。

4. **清洁无杂物**：保持卧室简约、整洁、安静，不要把多余的家具横七竖八地摆满卧室。衣柜每年整理一次，淘汰那些去年一年都没穿过的衣服。千万不要在床下面存放物品！

5. **植物**：为了保持卧室内环境温馨恬静、空气清新，可以在里面摆放一棵较大的植物。最好把植物放在卧室的婚恋区。另外，还可以放一束刚剪下来的鲜花，使卧室内充满生机并给你的婚恋区带来鲜活的能量。

6. **图画和照片**：不要在卧室内挂任何你家人的照片，你和伴侣的合照除外。你和伴侣"浪漫"的时候，感到照片中的家人盯着你看可不太好。卧室里也不要挂自己的单人照。如果卧室内有画作，要确保它们是令人放松的。最好是挂风景画。卧室挂的画应该强化你为整个卧室营造的温馨恬静气氛。

44 选择床的位置

卧室之所以如此重要的原因之一是里面摆放着床，而你会在床上度过很多时间。床能增强你夜间精力再生的能力，因此既影响你的爱情生活又影响你的健康。

1. 如同卧室应该占据房子的主位一样，床在卧室的位置也应该令你有安全感和说了算的感觉。也就是说，床尽量要远离卧室门口。最好是把床放在视域最宽阔，并能轻易看到卧室门的位置。如果由于卧室的布局，从床那里很难看到门口，就在门对面的墙上挂一面镜子，如果有人进来，你在床上就可以看到。这样会使你感觉更安心。

2. 一定不要让床正对着门。如果床正对门的话，须得在床脚挂一个水晶球，使气散开来。这可以防止气进门后直冲床位，造成身体不适以及婚恋上的问题。另外，睡觉的时候一定要把门关上。

3. 不要把床放在窗户下面,否则会影响你的睡眠质量。要让床头板或床头一侧紧靠墙壁。

45

10个基本原则让你享受良好睡眠和性生活

睡眠和性生活都离不开床,所以床的重要性是无可匹敌的。下面有10个基本原则可让你享受更好的睡眠和性生活:

1. **特大号床**:在美国,大号床要比特大号床好。这是因为特大号床是由两个弹簧垫组成的,这会造成心理上的分裂。如果家里已经有了特大号床,那就在弹簧垫和床垫之间铺一个大红床单,并且想象自己性生活质量提高了。

2. **床下的抽屉**:不要在床下储藏东西,因为床下储物会造成潜意识阻隔及隐性障碍,并能扼杀你的创造性。如果你已经买了底下有抽屉的床,那么只用它存放用于睡觉的物品,比如睡衣、毛毯和床单。

3. **脚踏板**:不要买脚踏板高过床垫的床,因为床脚上高出来的部分会妨碍你事业的发展。

4. 床头板：床头板给你稳定感和安全感。一定要保证床头板结实、坚固。

5. 水床：不要用水床，因为水床不能给人安稳的感觉，而安稳感是人生的坚实基础。

6. 床罩：空气必须能够在床底下自由流通，所以床罩不能触到地板。

7. 电热毯：不要睡在电热毯上面，因为它会破坏人体自身的电磁系统。

8. 买一张新床：买新床的最佳时机如下：一段长期的恋情结束时，搬新家时，大病初愈或是新婚时。

9. 木和金：买床最好买木制的而非金属的。因为木材是良好的绝缘体，而金属床会在身体周围产生磁场，干扰身体自我修复功能。

10. 沙发床：用木材等天然材料制成的沙发床是很好的，但是要买那种底架不太矮的，因为底架太矮象征着生活中身份低下。

46 卧室中七个变化助你吸引新的伴侣

如果想在生活中拥有新的伴侣，可以尝试下面七个简单做法：

1. 确保你的床温馨可人，并且足够两个人睡。如果你用的是两张单人床或一张双人床，可考虑换成大号床。

2. 床的两侧都要放上枕头，并且床两边要各有一个床头柜，如能在两个床头柜上放上同样的台灯更好。

3. 床上要有容得下另一个人的空间。不要把床的一侧靠在墙上。

4. 清理衣橱，留出伴侣挂衣服的空间。

5. 在卧室放些鲜花，吸引新的能量，并时常更换卧室的花。

6. 把与旧情人有关的照片和自己的单身照从卧室拿出去。

7. 在卧室的婚恋区放两个塑像，以引来稳定的恋爱关系。

47 化解卧室的问题

下面是一些我个人喜欢的卧室问题化解方法：

卧室里有浴室：如果卧室里有浴室，要时刻关好浴室的门，盖好抽水马桶的盖子，这样你的情感或健康能量就不会顺着浴室的下水道流走。在浴室门外侧挂一面镜子，但镜子不能正对床铺。保持浴室空气清新，并在里面放上一株植物。（更多的浴室问题化解方法见贴士38。）

损坏的门：卧室里坏了的门必须修好。如果门被卡住，事业就会受阻，所以要尽快把门修好！

吊扇：吊扇在床（桌子和沙发）上方会引起身体不适和情感上的挫折，因为电扇切断了气。如果能把电扇拆掉的话，就拆掉。如果拆不掉，就在电扇上挂一个多面水晶球，并且永远不要开该吊扇。如果天花板很高，吊扇或许影响不到你，但我还是不建议你晚上睡觉时让床正上方的吊扇开着。如果一定要开吊扇，那么千万不要睡在它正下方。

　　卧室房型不规则：如果卧室形状不规则，最好的办法就是挂几面镜子，拓宽空间，从而使房间形状更加对称。在每面"凸进"房间的墙上挂上镜子，这会产生将墙推出去的效果，从而使房子成为一个长方形。也可以在天花板中央挂一个水晶球，平衡室内的能量。（见贴士 17。）

　　壁炉：如果卧室里有壁炉，那么它会损耗你恋爱的激情，所以建议不要使用这个壁炉。可以在壁炉上面挂一面镜子来平衡卧室内的能量，并在它前面放一些植物（顺便提一下，壁炉可以是很吉利的家居装饰，也可以很不吉利，全看它所在的位置。如果壁炉在房子中的名誉区、家庭区和知识区，那么是吉利的。如果是在其他地方，那就要采取上述措施补救了）。

48 化解天花板倾斜问题

天花板最好是水平的,且高度应与所在房间成比例。不要让天花板太高,但也不要太低。然而,很多房间的天花板是倾斜的,一边高,一边低。这种情况下,气会被迫降到墙体比较低的地方摆放的物件上。如果办公室的天花板是倾斜的,那最好用天花板比较低的地方来储物。如果把办公桌放在天花板低的那一侧,上班时会感到焦虑或易怒。如果卧室里的天花板是倾斜的,那床头不要放在天花板较低的地方,否则你会睡不安稳、头痛,并会倍感压力。

如果别无选择,只能把床或办公桌放在倾斜的天花板比较低的一侧,那么可以考虑用以下的化解方法:

1. 在床头或书桌上面挂一个多面水晶球,帮助驱散不均匀的气。

2. 在天花板较低的方位放一盏灯头朝上的灯,并想象它象征性地把天花板较低的一侧抬高了。

3. 在天花板较低的那一侧下面放一盆向上生长的植物,营造一种提升的效果,并想象它象征性地把天花板较低的一侧抬高了。

　如果天花板向两侧倾斜,这并不是一件坏事,因为气会在两侧均匀流动。

49 化解居室的横梁问题

　　如果房子里有横梁，弄清楚它们的位置是很重要的。书桌上方有横梁会阻碍事业的发展。火炉上方有横梁会影响身体健康及财运。床的上方有横梁则会影响到婚姻和健康。床上方的横梁要格外留意，因为如果它正好在床中心上方，就会把你和你的伴侣分开，并对你的情感交流产生不良影响。如果它横在你身体某一部位的上方，就会损害你的健康，久而久之，你会发现横梁"穿过"的那个身体部位有倦怠感。可以利用下面的方法来解决家里横梁带来的问题：

1. 可以把横梁涂上和天花板同样的颜色，这样就会使它与天花板融为一体。

2. 可以在横梁两端各挂一根竹笛，倾斜角为 45 度。这会产生非常强大的提升效果，并且能够舒缓横梁带来的一切压力。

3. 如果横梁所在的天花板有尖端的,你可以在床两侧的墙上各挂一个竹笛,竹笛的倾斜角为 45 度。如果不想用竹笛,可以利用某种东西(如蝴蝶或天使)朝上飞的图形,以便气被吸引着朝上流动。

50

用镜子对付难缠的邻居

即便你家里有了完美的风水布局,可是如果邻居很难缠——声音很吵或这样那样地叨扰你——一样还是会影响到你家庭的和睦。遇到这种情况,可以对着邻居安一面小镜子,这象征着你把问题还给了他们。

小镜子可以安在房子外面,也可以安在房子里某幅画的后面或者橱柜里面,只要朝向问题所在方向就行。安了这面镜子,就象征性地把问题反射回了源头,并在你和邻居间划定了边界线。用药房里买来的小化妆镜就可以,也可以到网上或专卖店购买风水专用的镜子。

那么，你的家居到底
有多幸福呢？

现在该揭晓你的家居究竟有几多幸福，以及如何使你的家居更幸福了。根据你的测验结果，对照下面的建议，看看哪个贴士最适合你和你的家居。

1. **如果你回答：**

   A. 见贴士：3，4，21，23，24，28，29，30，33，34，36，37，41，42，43

   B. 见贴士：3，4，21，23，24，28，29，30，33，34，36，37，41，42，43

   C. 恭喜你将室内的杂物清理了出去。阅读更多贴士，使你的家居更幸福。

2. **如果你回答：**

   A. 见贴士：3，4，21，23，28，40

B. 见贴士:3,4,21,23,28,40

C. 恭喜你修理了该修理的东西。阅读更多贴士,使你的家居更幸福。

3. **如果你回答:**

   A. 见贴士:1,2,3,4,15,21,22,23,26,34,37,38,39,40

   B. 见贴士:1,2,3,4,39,43,44,45,46,47

   C. 见贴士:1,2,3,4,25,31,33,34,38,39,40,41,43,44,45

4. **如果你回答:**

   A. 见贴士:1,2,3,4,15,16,17,18,21,22,23,39,43,44,45,46,47,48

   B. 见贴士:1,2,3,4,15,16,17,18,21,22,23,39,43,44,45,46,47,48

   C. 你对自己的婚恋生活感到满意,真是太好了。阅读更多贴士,使你的家居更幸福。

5. **如果你回答:**

   A. 见贴士:1,2,3,4,38,39

   B. 见贴士:1,2,3,4,28,38,39

   C. 见贴士:1,2,3,4,25,38,39

6. **如果你回答**：

A. 见贴士：1,2,3,4,15,16,17,18,21,22,23,24,26, 34,37,38,39,48

B. 见贴士：1,2,3,4,21,22,23,24,26,34,35,37,38, 39,40,41,48,49

C. 恭喜你,自从你搬入新家后经济状况不断改善,真是太好了。阅读更多贴士,使你的家居更幸福。

7. **如果你回答**：

A. 见贴士：1,2,3,21,22,23,24,25

B. 见贴士：1,2,3,21,22,23,24,25

C. 走进一个温馨舒适的家多么幸福！阅读更多贴士,使你的家居更幸福。

8. **如果你回答**：

A. 见贴士：1,2,3,4,15,17,21,22,23,24,25,29,30, 34,39,46

B. 见贴士：1,2,3,15,17,21,22,23,24,25,29,30, 34,39,46

C. 太好了,你的社交生活拓宽了。阅读更多贴士,使你的家居更幸福。

9. **如果你回答**：

A. 见贴士：1,27,43,44,45,46,47,48,49

B. 见贴士：1, 25, 27, 43, 44, 45, 46, 47, 48, 49

C. 见贴士：1, 27, 28, 43, 44, 45, 46, 47, 48, 49

10. **如果你回答：**

A. 见贴士：1, 2, 3, 25, 27, 31, 32, 33, 35, 37

B. 见贴士：1, 2, 3, 25, 27, 31, 32, 33, 35, 37

C. 恭喜你有一个不错的工作环境。阅读更多贴士，使你的家居更幸福。

11. **如果你回答：**

A. 见贴士：21, 22, 23, 24, 25, 27

B. 见贴士：25

C. 你一进家门看到的是这些房间中的一间，你很幸运。阅读更多贴士，使你的家居更幸福。

12. **如果你回答：**

A. 见贴士：1, 2, 3, 25, 27, 28, 33, 35, 43, 44, 45, 47, 48, 49

B. 见贴士：1, 2, 3, 25, 27, 28, 33, 35, 43, 44, 45, 47, 48, 49

C. 太好了，你在卧室睡眠质量很好。阅读更多贴士，使你的家居更幸福。

13. **如果你回答：**

A. 见贴士：21, 22, 23, 24

B. 见贴士：21,22,23,24

C. 你感觉自家的前门很温馨,那太好了。阅读更多贴士,使你的家居更幸福。

14. **如果你回答：**

A. 这样形状的房子非常好。阅读更多贴士,使你的家居更幸福。

B. 见贴士：15,16,17,18

C. 见贴士：15

15. **如果你回答：**

A. 见贴士：26

B. 见贴士：24

C. 见贴士：26

16. **如果你回答：**

A. 见贴士：1,2,3,4,15,21,23,24,25,28,29,30,35,36,47,48,49

B. 见贴士：1,2,3,4,15,21,23,24,25,27,28,29,30,32,35,36,47,48,49

C. 有这么和谐的家居多么幸福啊! 阅读更多贴士,使你的家居更幸福。

17. **如果你回答：**

A. 见贴士：1,2,3,4,15,17,21,22,23,24,28,29,30,

31,32,35,37,38,39,43,44,45,47

B. 见贴士:1,2,3,4,15,17,19,20,21,23,24,26,28,
29,31,32,35,37,38,43,44,45,47

C. 你知道了成长和进步对一个人的重要性,恭喜你。
阅读更多贴士,使你的家居更幸福。

18. **如果你回答:**

A. 见贴士:1,2,3,4,15,16,17,18,21,22,23,24,25,
26,30,34,35,37,39,43,44,48

B. 见贴士:1,2,3,4,15,16,17,18,21,22,23,24,25,
26,30,34,35,37,39,43,44,48

C. 你搬到现在的家后,事业突飞猛进,太好了！阅读
更多贴士,使你的家居更幸福。

19. **如果你回答:**

A. 见贴士:1,2,3,21,22,23,24,25,27,42,50

B. 见贴士:1,2,3,4,19,20,21,22,23,24,42

C. 恭喜你营造了一个如此幸福的家。阅读更多贴
士,使你的家居更幸福。

20. **如果你回答:**

A. 见贴士:49

B. 见贴士:48

C. 见贴士:47

推荐阅读书目

本书中大部分贴士都是基于黑帽学派的西方风水理论。如果你想对它有更深入的了解，可以阅读下面这些探讨该风水理论的书籍。

Feng Shui for Dummies by David Daniel Kennedy

Lillian Too's Basic Feng Shui by Lillian Too

The Western Guide to Feng Shui by Terah Kathryn Collins

The Modern Book of Feng Shui by Steven Post

Interior Design with Feng Shui by Sarah Rossbach

Feng Shui：Harmony by Design by Nancy SantoPietro and Lin Yun

Clear Your Clutter with Feng Shui by Karen Kingston

Fast Feng Shui by Stephanie Roberts

Sacred Space：Clearing and Enhancing the Energy of

Your Home by Denise Linn

Feng Shui and Health : The Anatomy of a Home by Nancy SantoPietro

致　谢

感谢迈克·罗宾逊(Mike Robinson)和大卫·丹尼尔·肯尼迪(David Kennedy),在我最需要的时候把风水带进了我的生活。

感谢我出色的编辑莎拉·皮尔兹(Sarah Pelz)和禾林出版社的其他成员,他们给了"幸福生活50招"系列作品一个家。塔拉·凯利(Tara Kelly)、马克·唐(Mark Tang)、莎拉·亚历山大(Shara Alexander),谢谢你们。

感谢我的优秀代理莎伦·马文(Shannon Marven)和莱斯·林奇(Lacy Lynch)的辛勤工作和不懈支持,感谢杜普雷·米勒代理公司的每一个人。还要分别向詹·米勒(Jan Miller)和尼克·米瑟尔(Nicki Miser)表示感谢,感谢他们作为团队的一分子在幕后的支持。感谢你们两次把我的著作方案从爱情小说堆中拯救出来! 这说明冒昧地给生人打电话偶尔也奏效!

感谢《赫芬顿邮报》(*Huffington Post*)及斯科特·沃伦(Scott Warren)、约耳·曼德尔(Joel Mandel)、山姆·费舍尔(Sam Fischer)和 P·J·夏皮罗(P. J. Shapiro)把我带到新的牧场,感谢民航管理局的阿希礼·戴维斯(Ashley Davis)和安德里亚·罗斯(Andrea Ross)加入我们的团队。与拉维恩·麦金农(Laverne Mckinnon)的徒步旅行给我很多灵感,艾琳(Eileen)给了我一个远方的家让我在那里写作,在此向他们表示深深的感谢。

感谢 Howhappyls.com 网站的所有成员,尤其是乔恩·斯托特(Jon Stout)的出众创造才能以及特里·凯利(Terri Carey)对网站运营的贡献。

感谢我的父母理查德(Richard)和苏西(Susie)的大力支持。感谢尼克(Nick)一直以来的鼓励;感谢菲尔(Phil)的坚持不懈,在很多方面你是我的榜样。

感谢斯蒂芬(Stephen)、林迪(Lindy)和黑兹尔(Hazel),谢谢你们待我如上宾并感谢你们的付出。

奥利(Oli)和朱达(Judah),我的家人,你们是最棒的!